码上学技术·绿色农业关键技术系列

U0381073

食用菌
高质高效生产200题

曾 辉 主编

中国农业出版社
北 京

图书在版编目（CIP）数据

食用菌高质高效生产 200 题 / 曾辉主编. —北京：
中国农业出版社，2021.1
（码上学技术．绿色农业关键技术系列）
ISBN 978-7-109-27922-3

Ⅰ.①食… Ⅱ.①曾… Ⅲ.①食用菌－蔬菜园艺－问
题解答 Ⅳ.①S646-44

中国版本图书馆 CIP 数据核字（2021）第 022769 号

食用菌高质高效生产 200 题
SHIYONGJUN GAOZHI GAOXIAO SHENGCHAN 200TI

中国农业出版社出版
地址：北京市朝阳区麦子店街 18 号楼
邮编：100125
责任编辑：王琦瑢 李 瑜
版式设计：杜 然 责任校对：吴丽婷
印刷：中农印务有限公司
版次：2021 年 1 月第 1 版
印次：2021 年 1 月北京第 1 次印刷
发行：新华书店北京发行所
开本：880mm×1230mm 1/32
印张：5.5 插页：4
字数：170 千字
定价：28.00 元

编写人员名单

主　　编　曾　辉

副主编　舒黎黎　杨　菁　卢政辉

参编人员　祁亮亮　马　璐　盖宇鹏　安　颖

CONTENTS

目 录

二、黑木耳生产关键技术

三、平菇生产关键技术

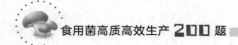

视频目录

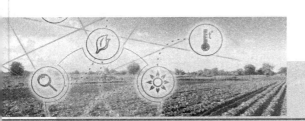

一、香菇生产关键技术

1. 香菇生长发育需要怎样的条件？

　　香菇生长发育需要的条件包含营养、温度、湿度、空气、光照、酸碱度等方面，这些生长条件是互相影响、互相关联的。

　　香菇属于木腐生菌类，获取营养方式是分解木材的纤维素、木质素等，以满足香菇的正常生长发育的需要。香菇生产以阔叶树木屑为基本原料，选用树材时，利用壳斗科、金缕梅科等树种栽种可获得高产。注意不要选用樟、松、楠等含有芳香气、油的树种，以免抑制香菇菌丝生长，影响出菇。

　　香菇属于变温结实性菌类。菌丝生长温度范围在5～32℃，适温为23～25℃；子实体发育和生长的温度范围在5～22℃，以15℃左右为最适宜。香菇需要变温促进子实体分化，以8～10℃的昼夜温差刺激出菇。适宜温度下香菇生长菌盖肥厚，质地致密，品质优秀。

　　空气湿度和基质水分影响到香菇的生长发育。菌丝生长阶段培养基质含水量为55%～60%，空气相对湿度为60%～70%；子实体生长阶段培养基质含水量为40%～58%，空气相对湿度为85%～90%。一定的湿度差条件有利于香菇生长发育。

　　香菇是好气性菌类，新鲜的空气是保证香菇正常生长发育的必要条件。在香菇生长环境中，由于通气不良造成二氧化碳积累过多，菌丝生长和子实体发育都会受到明显的抑制，加速菌丝的老化，导致杂菌的滋生。在栽培管理上，加强通风透气，以确保香菇正常的生长发育。

　　光照是影响香菇正常生长发育的环境条件之一。香菇菌丝的生长不需要光照，强光能抑制菌丝生长。子实体生长阶段要散射光，光线太弱，出菇少、朵小、柄细长、质量次，但直射光又对香菇子实体有害，因此，栽培场所"七阴三阳"的环境要求有利于香菇的正常生长。

香菇菌丝生长发育要求微酸性的环境，培养料的 pH 在 3～7 时都能生长。在生产中常将栽培料的 pH 调到 6.5 左右。在出菇喷洒用水和注水浸水时要注意水质，不可使用碱性水。

2. 袋栽香菇栽培主要模式有哪些？

袋栽香菇就是采用木屑原料制作菌棒代替段木进行香菇栽培。袋栽香菇优点在于栽培原料来源丰富，栽培区域范围扩大，栽培产量规模提升，环境条件可控性强，生产周期短，经济效益高。现行的袋栽香菇栽培模式主要有层架栽培、立袋栽培和覆土栽培。各地可根据气候条件不同，采用适合的高效栽培模式。

层架栽培指不脱袋层架式栽培。该模式是将菌棒置于菇棚内层架上进行出菇管理。采用割袋现蕾、内湿外干、降湿促花、注水养菌的管理方法。优点是子实体质量好，易形成花菇，鲜菇保鲜期长；缺点是菌棒越夏管理不当易造成高温烧菌。

立袋栽培指菌袋脱袋站立排放地面栽培。该模式是将达到生理成熟的菌棒，在出菇棚内脱外袋，斜靠于架好的钢丝上进行出菇管理。立袋栽培具有产量高、菇质好、高温季节可出菇等优点。

覆土栽培指菌袋脱袋地面覆土栽培。该模式是利用高温季节土温比气温低、土壤保水保温性能好的特点，把生理成熟的香菇菌棒脱袋排场，覆盖沙土后进行出菇管理。该栽培模式省工、省力、周期短、产量高、菇质好，且错开鲜香菇上市季节，经济效益好；缺点是子实体含水量较高，菇体含有少量细沙，多年连作后易引发病虫害，产量下降。

3. 香菇栽培场地环境要注意什么？

香菇菌袋培养发菌时需要弱光、通风、调温排湿性好的发菌场所。农户小规模分散式生产时，可利用空闲房屋、院落发菌，也可在菇棚就地发菌、就地出菇；大规模生产则需要建造专门的发菌阴棚。

香菇栽培场所注意选择生态环境良好的区域，要求光照充足、通风良好、近水源、排水性好、地势平坦开阔之地。使用符合《生活饮用水卫生标准》（GB 5749—2006）的水源。栽培场所的土壤质地以沙壤土为好。

香菇菇棚要根据不同的栽培模式搭建，菇棚内部的光、温、气、湿生态环境用以营造香菇生长发育的适宜环境。菇棚应坐北朝南，菇棚架为东西走向，棚顶覆盖物和四周遮阴物要便于调节（彩图1-1）。一般搭建的菇棚宽4～8米，高2.5～3米，长度30米以内，分为内棚和外棚。外棚用于遮阴和防雨保湿，一般采用水泥柱、钢管、竹木等原料搭成，遮阴物一般用遮阳网，也可用草帘，菇棚顶部选用野草等材料遮阴。注意菇棚遮阴度的调节；根据需要随时调节棚四周薄膜或遮阳网，以达到香菇栽培前期"三阳七阴"，后期"七阳三阴"的生长要求。内棚用于排放菇木，备有塑料膜，具有保温保湿作用；搭建物一般为竹条或木条，棚内用铁管或竹木搭好架子，用于摆放菌棒。一般单层地面立式排放，1亩*（约667米²）可放7 000～8 000袋；层架式排放可达5层或6层，每亩可放2万袋左右。

4. 如何选用栽培香菇菌种？

香菇属于低温结实性菌类，香菇品种按出菇温度范围可分为：高温型品种（出菇温度15～25℃）、中温型品种（出菇温度10～20℃）、低温型品种（出菇温度5～15℃）。高温型香菇品种需要5～8℃昼夜温差刺激出菇，低温型香菇品种约需10℃昼夜温差刺激出菇。因此，各地区栽培者在购买香菇菌种时，必须选用适宜当地气候条件、推广应用成熟、品种特性和管理技术都较明了的栽培品种。目前常用的几种优良香菇品种如下：

（1）L135。属低温型。出菇温度7～15℃，菌龄要求200天以上，昼夜温差7～10天刺激出菇，菇形圆整、肉厚，不易开伞，菇柄细短，易形成花菇且冬菇产量高。

---

* 亩为非法定计量单位，1亩＝1/15公顷，全书同。——编者注

（2）L939。属中温型。菌肉肥厚，菇形圆整，菌盖亮褐色，保鲜出口的理想菌株。菌龄在90天以上，昼夜温差3～4天刺激出菇，出菇温度8～22℃，适宜温度为14～18℃。

（3）L808。属中高温型。出菇温度12～25℃，菌肉肥厚，柄短，菌龄100～120天出菇，抗逆性强，适应性广。

（4）庆科212。属早熟中偏高温型。出菇温度16～22℃，菌龄80～90天，抗逆性强，产量高。

（5）L武香1号。属高温型。菌肉肥厚，菇形圆整，菌龄在100天以上。出菇温度18～25℃，抗逆性强。

（6）申香215。属中温型。出菇适宜温度为15～23℃，菌龄120天，菌丝粗壮浓白，抗逆性强，耐高温能力强，越夏安全。

5. 如何鉴别香菇菌种质量的优劣？

香菇菌种分为一级种（又称母种）、二级种（原种）、三级种（又称生产种、栽培种）。香菇菌种生产单位必须经上级农业行政主管部门资质认定，必须具备《食用菌菌种生产经营许可证》。栽培者从菌种生产单位购进香菇栽培种用于生产。优质香菇菌种必须具备高产、优质、抗逆性强，以及菌丝生活力强、无杂菌、无虫害的特性。购买香菇菌种在确定生活习性、适应性、抗逆性、抗杂性等菌株特性的同时，还需从纯度、形态、长势、色泽、均匀度等方面进行外观质量的鉴别。

优质香菇菌种的特征是菌丝生长洁白、浓密，气生菌丝旺盛，爬壁力强，木屑被香菇菌丝分解后从棕褐色转为浅黄色，并伴有香菇清香味。菌丝生长稀疏、参差不齐、速度又缓慢的菌种被视为不良的菌种。如果菌种培养基质上出现杂色斑块，说明菌种受杂菌污染；如果菌种瓶（袋）底部出现黄色分泌液沉积和菌丝脱离瓶（袋）壁现象，说明菌种菌龄较大，趋于老化，不可使用。香菇栽培菌种应采用菌丝满瓶（袋）后5～10天的菌种，菌种要与瓶（袋）壁紧贴。

6. 如何进行香菇栽培袋的制作？

香菇栽培袋制作工艺流程为备料→配料拌料→装袋→灭菌→冷

却→接种。

（1）备料。在主原料配制上选用优质阔叶树种粉碎而成，尤以硬质杂木屑为好，桃、梨、板栗等果树枝条经粉碎亦可用，要求木屑颗粒直径 0.5～0.8 厘米，色泽新鲜，无异味，无油污；木屑霉烂变质、受雨淋结块、被虫蛀的均不宜使用。主要辅料是麸皮、玉米粉，要求优质、新鲜、干燥，没有结块、霉变、虫蛀和掺假现象。栽培香菇使用的石膏粉要选用色泽洁白、质优、纯度高的，不宜使用纯度低、有掺假的石膏粉。香菇栽培模式不同、季节不同，使用的塑料袋规格要求也不同，鲜菇栽培常用菌袋规格为 15 厘米（折径宽）×55 厘米（长），培育花菇常用菌袋规格为（18～22）厘米（折径宽）×55 厘米（长）。栽培香菇一般选用低压聚乙烯专用薄膜袋。

（2）配料拌料。推荐培养料配方：木屑 81%、麸皮 18%、石膏 1%；料水比例为 1：（1.1～1.2），生产实践中一般凭经验掌握，手攥培养料指缝间有水渍，但不下滴；伸开手指，料在掌中成团，落地即散，此时培养料含水量一般为 52%～55%。培养料含水量超过 65%，香菇菌丝生长受阻。拌料要求做到"三均匀"，即原料与辅料混合均匀、干湿搅拌均匀、酸碱度均匀。

（3）装袋。培养料配制完成后，采用专用装袋机及时装填入塑料袋中（彩图 1-2）。装袋时要注意料筒适当紧实，松紧适中，手抓料袋五指中等力捏住有棒状感觉，不留指凹为宜；袋口要求清理干净并扎紧牢固不漏气；装料和搬运过程轻取轻放，以免破裂；培养料装袋量要与灭菌设

视频 1　食用菌常用机械展示

备的工作量相匹配，做到当日配料，当日装完，当日灭菌。每袋装干料 0.85～0.9 千克，加水后湿料为 1.6～2.0 千克。

（4）灭菌冷却。灭菌可用高压灭菌和常压灭菌两种方式。高压蒸汽灭菌应在锅内气压达 150 千帕，料温 126℃下，保持 3～6 小时；常压蒸汽灭菌则应在料温达到 98～100℃下保持 10～12 小时。灭菌结束后，采用自然散热法冷却，不要进行通风，防止料棒外的杂菌孢子附着和进入料棒。冷却 24～48 小时后，料温降到 28℃以下，用手摸无热感时即可接种。

（5）接种。目前香菇接种一般在接种室或帐式塑料棚中完成，主要包括消毒、打穴接种和封口3个过程。接种应严格按照无菌操作规程来进行。

7. 香菇菌袋的消毒灭菌注意事项是什么？

灭菌是将料袋内的一切有害生物用高温杀灭的过程，香菇规模生产一般采用常压灭菌进行料袋消毒。香菇栽培生产实践中，灭菌环节最容易出问题，因此，在生产中应注意以下几点事项：

（1）装好的料袋及时入锅，合理摆放。料袋进灭菌锅应留有一定的空隙，使蒸汽流畅，培养料受热均匀，避免出现消毒灭菌死角。

（2）灭菌时烧火时要做到"攻头、保尾、控中间"。进火烧至80℃左右时开排气孔排除冷气，保证放冷气彻底，防止灭菌温度不足。

（3）排冷气后蒸汽猛攻使4小时内锅内温度升至100℃，避免耐高温杂菌在培养料内繁殖；温度达100℃之后控温维持10～12小时。在保温过程中，要注意温度不能下降，防止灭菌不彻底。

（4）灭菌结束后，待锅内温度自然降至40～50℃时，方可把料袋搬到冷却室冷却，冷却24～48小时后，料袋降到自然温度。灭菌效果好的培养料外观有轻微皱曲、呈深褐色，有特殊香味、无酸臭味。

8. 怎样降低香菇接种过程导致的污染率？

香菇接种主要包括消毒、打穴接种和封口三大过程。

（1）消毒。接种室应严格消毒，接种室的空间消毒选用气雾消毒盒。消毒时间为25～30分钟。接种用具、菌袋外表及接种者双手均采用75％的酒精或0.2％高锰酸钾溶液擦洗消毒。做好接种前菌种预处理，即对菌种瓶（袋）的外壁和棉花塞用75％酒精浸洗消毒。

（2）打穴接种。在菌棒上用接种打孔棒均匀地打3个接种穴，直径1.5厘米左右，深2～2.5厘米。打孔棒抽出时，要按顺时针方向边转边抽，不能快打直抽，以防筒袋与培养料脱离而透入空气，造成杂菌污染。打穴要与接种相配合，打一穴，接一孔菌种。接种时要先挖除表层老菌皮，用接种工具挟取菌种块，也可用手分块塞入接种穴，菌种块必须填满穴，压紧压实，让菌种微微凸起，以加速菌丝萌发封口，避免杂菌感染。如果在高温季节，接种时间应选择清晨或晚上，以降低菌袋的污染率。

（3）封口。接种穴封口采用纸胶封口或套袋封口。现主要采用接种套袋技术，即将接种的菌袋立即套入 15 厘米×60 厘米的专用塑料薄膜袋中，扎紧袋口。套袋技术有利于保持菌种湿润，加快菌丝萌发定殖；同时隔绝空气，有效降低杂菌的污染。

9. 如何进行香菇菌棒发菌管理？

香菇发菌管理主要是根据菌丝生长和菌棒内的变化情况，做好刺孔通气、控温、翻堆及发菌检查、通风降温等工作，以满足香菇菌丝生长发育对环境的要求。从接种到菌丝长满生理成熟，管理工作上应抓好几个环节：

（1）温度调控。发菌场所温度应控制在 22～25℃，发菌期间堆温一般会比室温要高 2～5℃，应及时翻堆散热。

（2）湿度调控。发菌场所空气湿度应控制在 70%以下。及时排除菌袋内黄水。

（3）通气量调控。发菌场所保持空气流通，适时进行菌袋刺孔增氧。

（4）光照调控。发菌前期要在无光或弱光的环境中进行发菌培养，发菌后期给予散射光照，促进转色。具体管理办法如下：

①菌袋堆叠。将接种室与发菌室合为一体，即接种后，菌棒就在接种室内发菌，这样可减少因搬动造成的杂菌感染。接种后菌棒以"井"字形或三角形排列，每层 3 或 4 棒，叠放 8～10 层，堆叠时注意不要将菌棒压在另一菌棒的孔穴上（彩图 1-3）。接种后 10 天内一般不要搬动菌棒，以免影响菌丝的萌发，造成感染。接种菌袋 3～5 天温度控制在 20～27℃，7～10 天打开门窗通风换气。高温天气早晚低温时通风；低温天气晴天中午开南窗通风增温。20～40 天菌丝长到菌袋 1/3～1/2 时，加大通风量，培养室空气相对湿度控制在 60%～70%。

②疏散菌筒。香菇的菌丝培养时间要 100 天以上，6—9 月气温较高，需特殊护理，保护菌丝正常生长繁殖，这个阶段为越夏管理。

越夏管理中，要随着气温变化调整培养袋堆叠方式，将堆高由原来 7～8 层，降低为 4～5 层（彩图 1-4）。同时，还应进行脱外袋的管理，即当菌丝发育到 8～10 厘米时，由于菌丝生长需要氧气，先脱去菌包的外袋。

10. 香菇菌棒生产过程中为什么要刺孔？

香菇是好气性菌类，菌丝生长过程需要吸收大量的氧气。进行刺孔通气可增加培养料的含氧量，排除菌丝代谢产生的挥发性物质（如二氧化碳等），通过刺孔通气可以起到机械刺激、养分输送、降低培养料水分等作用，加速木质素等养分的降解和菌丝体内养分的贮藏积累，促进菌丝达到生理成熟。发菌中期刺孔通气可使菌丝生长加快，菌丝变得粗壮洁白；在菌丝成熟期刺孔通气可使瘤状物软化，促进菌棒转色。刺孔增氧过程中可调节菌棒含水量和氧气的供应量，也可以利用刺孔通气孔的数量来控制菇蕾的发生数量，通常每段菌棒的刺孔数量控制在 50～70 孔为适宜。

刺孔方法是用铁钉或刺孔机（彩图 1-5）在每个接种孔的菌丝生长末端以内 2 厘米处刺孔一圈，孔数 6～8 孔，整段菌棒的刺孔总数 15～24 孔。这一时期的刺孔通气称为通"小气"。培菌后期在菌丝已长满全袋至开始转色前的这一时期，菌丝生长极为旺盛，菌丝总量增长极快，对氧气需求也是成倍增长，此时必须加大刺孔量，以增加氧气供应，满足菌丝生长要求，这一时期的刺孔通气称为放"大气"。

刺孔应注意不要过大、过深、过多，以免菌袋内水分大量蒸发，造成菌袋脱水。在菌棒刺孔增氧后，菌丝生长都会非常旺盛，呼吸显著增强，并放出大量的热量，使堆温和室温明显升高。因此，每次刺孔通气后都必须及时散堆，并加强通风散热，严防烧菌现象发生（彩图 1-6）。注意温度高于 28℃时暂不刺孔，且同一培养室刺孔宜分批分期，避免高温"烧堆"。超过 30℃时严禁刺孔通气，否则极易造成"烧菌"烂棒。

11. 如何进行香菇菌棒转色管理？

香菇菌棒通过一定时间的培养，菌丝达生理成熟后，在一定的温度、湿度、通气和光照条件下，表面的气生菌丝开始倒伏，分泌色素，吐出黄水，颜色由白色转为棕褐色，最后形成一层具有保湿、保温、抗杂菌作用的棕褐色或虎斑色、斑圈状的菌皮，这一过程称为菌棒转色（彩图1-7）。

香菇菌丝长满菌袋会出现瘤状物，菌棒表面出现大量瘤状物后，菌棒进入转色期。菌棒转色管理就是调控好温度、湿度、光照、通气，以促使香菇菌棒正常转色。菌棒转色时适宜的温度为20～25℃，转色期间控制恒温，减少温差刺激；空气相对湿度以85%左右为宜，采用地面浇水、洒水或灌水的方式来增加棚内空气湿度；同时保持空气流通，每天通风2～3次，每次20～30分钟，以形成干湿交替环境，有利于转色，但应注意因通风过量而导致表面失水形成硬膜。转色期要求有一定的散射光照，可通过调控棚顶部遮盖物及四周遮阳物来调节光照，达到"三阳七阴"，促进正常转色。香菇菌棒脱袋转色过程一般需要20～30天，颜色均匀且为棕红色为佳；但香菇菌棒带袋转色过程因菌丝接触空气少，转色时间需要更长。菌棒转色期间，翻动次数不能过多，否则会导致菌皮增厚，出菇困难。

12. 香菇菌棒不转色或转色太浅的原因是什么？

香菇菌棒转色在香菇栽培生产中，可防止水分蒸发，阻止病虫害直接入侵，增强菌棒的强度，提高香菇对不良环境的抵抗力。菌棒转色好坏会直接影响香菇出菇的快慢、产量的高低和品质的优劣。转色好的香菇菌棒表层呈有光泽的棕红色，出菇正常、疏密适当、高产优质。

造成香菇菌棒不转色或转色太浅的原因主要有以下几点。

（1）菌龄不足，菌丝未达到生理成熟，转色困难。

（2）培养料配方中氮素过量，营养丰富，菌丝徒长。

（3）培养场所保湿条件差、湿度偏低，不符合菌棒转色湿度要求。

（4）转色期温度处于28℃以上高温或12℃以下低温，均会造成转色困难。

（5）培养室转色期光照度不够，难以转色。

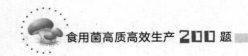

（6）菌袋内缺氧，氧气量供应不足。

因此，在实际转色管理中要根据具体情况，采取相应的调整措施，促使菌棒正常转色。

13. 香菇菌棒越夏管理注意事项是什么？

优质香菇栽培是在春季接种，至秋季开始出菇。香菇菌丝生长阶段正值夏季高温时期，安全越夏是香菇栽培的关键。通风降温、防止烂棒是越夏管理的主要工作。为了满足香菇生理需求，确保菌棒安全越夏，应注意以下事项。

（1）选择好越夏场所。香菇菌棒的越夏场所可选择土木结构的平房、礼堂、仓库，也可在室外菇棚。室内要求干净、阴凉、空气对流、无直射光；室外菇棚要求通风性良好、光线均匀、排灌比较方便、便于高温期降温。要全面加厚菇棚顶部及四周的遮阴物，防止太阳光直射菌袋，避免紫外线杀伤菌丝或转色过深、菌皮过厚的情况。

（2）叠放好菌棒。在香菇越夏管理中，翻堆及调节菌棒的堆叠方式是调节温度和改善通风条件的重要措施。在进行菌棒翻堆和刺孔增氧操作的同时，将菌棒摆放的"井"字形改为三角形，叠放层数改为5～6层，每排之间要留30～40厘米宽的走道，走道朝门、窗方向，利于空气流动。调整菌棒时注意要轻拿轻放，尽量避免剧烈震动。

（3）及时排除黄水。在香菇菌丝生长生理成熟过程中，菌袋内会分泌少量"黄水珠"，这属于香菇正常的"抗逆"生理现象。但菌棒转色时由于光照过强或者气温过高，"黄水珠"过量，不能及时地排除，势必形成烂棒。此时应用粗针刺袋（不能刺破菌皮）排出黄水，注意刺孔不能过多、过深，防止过度排水形成干袋、铁皮袋。

（4）把控预防烂棒。在高温期间，要时时观察越夏场地气温，每天中午、傍晚各检查1次。香菇烂棒主要原因是高温高湿，多发生在暴雨暴晴的7月，刺孔排大气后10天内。因此，当场所最高气温超过33℃时，要采取降温措施。室内越夏时的降温措施是早上在越夏场所的屋顶、外墙面喷水，室内不得喷水。室外菇棚越夏时的降温措施除加厚棚顶及四周的遮阴物外，还要在棚内开沟灌活动水，降低棚内温度，并调控好棚内空气流通。发现烂棒应及时移出菇棚；雨后要及时排除积水，防止菌棒受淹。

14. 如何进行立袋栽培香菇的出菇管理？

立袋栽培指菌袋脱袋站立，排放地面栽培。该模式是将达到生理成熟的菌棒，在出菇棚内脱外袋，斜靠于架好的钢丝上进行出菇管理。具体管理要点如下。

（1）出菇棚搭建。建造镀锌钢管、铁管结构的拱形菇棚，一般跨度 8 米左右，长度 30 米左右，高度 3 米左右，在菇棚内地面隔 2～3 米打一根 60 厘米长的木桩，露出地面 30 厘米，把铁丝固定在木桩上，每行铁丝间距 25～30 厘米，中间留人行道，每排 6～7 道。摆放密度约 20 袋/米²。

（2）脱袋时期选择。香菇菌棒通过几个月的生长，由营养期转为生长期，每年从 10 月开始直到翌年 4 月是香菇出菇时期。适宜的脱袋期为 10 月至 11 月中旬，脱袋的温度指标为菇棚内的最高气温降至 23℃以下，日平均气温在 18℃左右；能否脱袋主要看菌棒的生理成熟度，菌棒必须完全达到生理成熟才能脱袋催菇，过早脱袋将导致暴蕾不成菇现象（菇农称为"假菇"）及"蜡烛菇"的大量发生，消耗大量养分。生产上常以 30％以上的菇木出现零星菇蕾作为脱袋适期的判断依据。

（3）脱袋排场。脱袋应选择在晴天的早上或阴天进行。脱袋时用锋利的小刀轻轻将塑料袋划破后剥去即可，需注意不可将菌棒的菌皮划破，不然易造成霉菌污染。菌棒排放间距 5 厘米左右，同地面成 70°～80°斜角，脱外袋时要清除早生的畸形菇。排场时应注意要一边脱袋排场，一边及时喷雾覆膜保湿。

（4）出菇管理。香菇是变温结实菌类，如果一直处于恒温恒湿状态下就难以出菇。因此，必须给以温差刺激或振棒刺激，促使菌丝扭结，形成原基。管理重点是人为拉大昼夜温差（8℃以上），刺激菇蕾迅速发生。具体措施是菇床上白天盖密薄膜，减少通风换气，提高畦床温度；夜晚全部揭开塑料薄膜，任外界冷空气侵袭，这样连续 3～5 天，菌棒全部显蕾。菇棚内温度保持 13～18℃，通风时结合喷雾，棚内湿度应保持在 80％～90％，一般每天喷水 1～2 次，防止菇蕾枯死，促使菇蕾顺利长大。当菇蕾长到1厘米时，减少喷雾，加大通风，以利于形成花厚菇，提升菇的品质。香菇从菇蕾到成熟一般需要7～10天，温度高时3～4天。香菇长到七八分成熟时及时采摘（彩图1-8）。

15. 如何进行层架袋栽香菇的出菇管理？

层架袋栽指不脱袋层架式栽培（彩图1-9）。该模式是将菌棒置于菇棚内层架上不脱袋保水进行出菇，采用割袋现蕾或免割袋栽培出菇管理方法。具体管理要点如下。

（1）出菇棚搭建。出菇棚外层为遮阳棚，棚内搭层架，菇棚四周设排水沟。菇棚之间要有较宽的空间，以利于通风及获取足够光照。棚顶高5米，宽8～12米，两端离地面4.5米，菇棚四周外围盖塑料薄膜和遮阳网，可自动掀起或放下。根据大棚的宽度设置棚内出菇架，菇棚两边单排架宽43厘米，中间双排宽85厘米，高2.3米，分为6层，层距皆为25厘米。底层离地面20厘米，两排架之间留80厘米的作业通道。棚内挂好温度计和湿度计，以随时观察温度和空气相对湿度。

（2）适时上架排袋。香菇菌丝长满袋后进行第二次刺孔，刺孔以后直接将菌袋放至层架上，直接上架可以避免菌袋菌丝达到生理成熟时受到振动刺激而诱发子实体大量发生。因此，一般应在出菇前15～20天做好排袋工作，否则会在出菇适温下，因上架的振动刺激造成大量出菇。一般排袋菌棒间距5厘米。

（3）适时催蕾管理。当香菇菌丝培养已经达到生理成熟，菌棒有80%已经转色时，适时采取机械振动、温差刺激、湿差刺激等催蕾措施，就可以自然出菇。催蕾管理方法是控制棚内空气相对湿度80%～85%，白天和晚上人为调节四周的薄膜及四周遮阳网，使昼夜温差达到8～10℃，温差刺激连续5～8天，促进原基形成菇蕾。

（4）割袋疏蕾管理。当菌袋中菇蕾刚出现时及时割膜，用锋利刀片环绕菇蕾将塑料薄膜切出割口，让菇蕾从割口伸出袋外生长。如果是采用免割保水膜袋栽培香菇，就可以免割出菇，菇蕾自然生长顶出保水膜。为了培养优质香菇，减少菌棒的养分和水分消耗，应该进行疏蕾工作，剔除多余菇蕾。一般每袋留菇蕾6～8朵，去畸形弱小菇，留圆正粗壮菇，均匀分布。

（5）催花育菇管理。不脱袋层架式栽培可形成内湿外干的环境，有利于花菇形成和发育。香菇刚现蕾时，应保证棚内的湿度达85%～90%，以防菇蕾枯死；在菇蕾长至2～3厘米以上时，要做好降湿、通风、增光等措施，减少遮盖物，光照"三分阳，七分阴"，通风排湿，降低温度，菇棚内温度保持13～18℃，空气相对湿度65%～70%，促使菇蕾顺利长大。当香菇长至八分熟时，即有铜锣边、不开伞、菌盖直径4～6厘米时，及时采摘。

16. 如何进行覆土地栽香菇的出菇管理？

覆土地栽指菌棒脱袋，地面覆土栽培。该模式是把生理成熟的香菇菌棒脱袋排场，覆盖适宜的沙土后进行出菇管理。覆土地栽香菇大都用于反季节栽培，填补夏季鲜香菇的市场需求，主要管理方法有以下几点。

（1）场地整畦。在出菇大棚内整畦，畦宽1米，高0.2米，畦面平整，畦沟宽0.4～0.5米。平整床面后用生石灰撒施畦面，通常每100米^{2}的栽培畦床均匀撒生石灰2～3千克。覆盖菌棒的土壤，选用表土30厘米以下的沙质心土，在烈日下暴晒2天，过筛去碎石杂物，拌入10%的石灰粉或火烧土。

（2）适时排场。一般发菌时间70天以上，菌丝全部长满，出菇棒表面有1/3以上的瘤状物，或出菇棒伴有少量转色时就可以进行排袋覆土了。香菇地栽的覆土方式是在晴天将畦面和地面喷湿，将菌棒脱袋排列在畦面上，并用土填满菌棒间的缝隙至菌棒4/5处，菌棒露出1/4左右。在菇畦上方用架竹弓，盖薄膜。畦沟内引灌流动的小溪水或山泉水、水库水，最好每天换1次。在高温或阴雨天严禁脱袋排菌棒。

（3）出菇管理。覆土后保持表土湿润，脱袋后前3天盖好薄膜，4天后每天掀动薄膜通风2～3次，用喷雾器每天喷水保持土壤湿润，切勿用大水。10天后保持土壤干干湿湿，干湿交替，并加大温差刺激。经20天左右便可现蕾，保证85%～90%的空气湿度和良好的光照及透气条件。头潮菇采收后，喷1次1%石灰水上清液。在22～

25℃条件下养菌 5～7 天后，再按常规进行管理。可收 4～5 潮菇（彩图 1-10）。

17. 代料栽培香菇怎样进行花菇形成的调控？

花菇菌盖肥厚、肉质细嫩、香味浓郁、品相独特，是香菇中的上品（彩图 1-11）。花菇的形成是菇体成长发育过程中遇到恶劣环境条件（空气干燥、水分不足、光照过强）时，自我调控适应生存，而导致菇盖表层开裂，出现不规则裂纹的过程。因此，任何一个香菇品种，只要在一定的环境条件下，都可以形成花菇。在代料栽培香菇生产中可充分利用秋冬季干燥的气候特点，调控通风、光照来促进香菇盖面裂纹的形成，以获得优质的花菇。花菇形成的调控中需要注意以下两点。

（1）调控温度。花菇生长的适宜温度范围为 10～15℃。当菇蕾直径长至 2～2.5 厘米时，将白天温度调控在 15℃左右，并人为打造 10℃左右的昼夜温差，以利于花菇生长发育。当棚内温度超过 20℃时，要增加遮阴物，揭开塑料薄膜，降低温度，避免花菇花纹变色而降低菇的品质。

（2）调控湿度。在代料栽培香菇生产中打造"内湿外干"的环境，是形成花菇的关键。内湿的要求是不脱袋出菇菌棒含水量控制在 50%～55%，含水量过多与不足均不利花菇生长发育。外干的要求是通过加大通风量，调节菇棚内空气相对湿度，前期空气相对湿度应掌握在 65%～75%（可用湿度计测量），尽量增强光照，使菇蕾表面先见干燥，逐渐出现微小裂纹，后期以空气相对湿度 55%～65% 为宜，控制温度在 12～16℃，菇棚内的地上保持干燥不要浇水，防止裂开的白色花纹遇潮湿变成茶褐色或红褐色，影响花菇品质。

18. 香菇补水时间怎样掌握？

补水是在香菇生产中维持香菇菌棒适宜含水量的重要措施。在香菇出菇过程中，菌棒的水分会被所出的香菇带走，菌棒失水变轻。当菌棒含水量低于 40% 时，菌棒中的菌丝就会变细变弱，失去活力，导致不出菇或出来的菇个头小、菇肉薄。因此应做好补水及喷水保湿工作。每潮菇采收后要进行养菌和补水，养菌一般需要 7～15 天以积累营养，待菌丝恢复浓白后补水。常用补水方法有注水法（彩图 1-12）、浸泡法、湿沙（土）浸润法，不同栽培模式采用不同的补水方法。不论采用哪种方法，控制补水量很关键，掌握宁少勿多原则，补水过多菌棒含水量过大，影响菌丝呼吸，易造成软袋或坏袋，影响产量，造成损失。一般而言，补水至菌棒含水量为原重量的 80% 为宜。补水后应加强通风，保持香菇菌棒表皮湿润，在采用自动喷雾增湿并维持菌皮湿润的情况下，也要人工补充喷水，喷水次数因天气而定，确保菌棒周身都能受到水的浸润，有利于其正常出菇。

19. 香菇采收的标准是什么？如何保鲜与干制？

香菇产品可鲜销和干销，根据市场需求，按成熟度分批进行采摘。香菇菌盖肥厚、边缘卷曲、菌柄未过分伸长、菌盖和菌柄之间菌幕尚未破裂、菌肉富有弹性、菌盖开伞程度达到五六分熟是鲜销香菇的采收标准。香菇菌幕破裂、菌盖边缘仍卷曲、达到七八分熟是干制香菇的采收标准。香

视频 2　香菇干品分级

菇采收时以保持菇体的完整美观和质量完好为原则。采摘时，用拇指和食指紧握菇柄，左右旋转使柄蒂与基质脱离，不要用力往上拔，以避免将整块基质带起。采收时还应注意手只能接触菇柄，不能擦伤菌褶及菌伞边缘。鲜菇采下后，轻轻放在塑料筐中，不可挤压变形，以保持鲜菇完整，并及时进行分级和加工。

香菇保鲜常用的方法是冷藏保鲜法。菇在采收前 2～3 天停止喷水。采收后整菇晾晒排湿至含水量 75% 左右，即每 100 千克鲜菇排湿至 83～88 千克。整菇在 1～4℃冷库中冷藏 24 小时，按菌盖大小分级精选，依次为 L 级：盖径大于 5.5 厘米；M 级：盖径 4.5～5.5 厘米；S 级：盖径 4.0～4.5 厘米，后按等级定量装筐。在空气相对湿度 80%～85%、温度 1～4℃条件下，鲜菇可贮藏保鲜 15～20 天。

香菇干燥常用的方法是热风干燥法。采收后整菇剪去柄基，根据鲜菇盖的大小、厚度分类排放在竹筛上，预晒 2～3 小时进行烘干。

香菇烘干过程中必须掌握好热风干燥条件，烘干过程主要分为以下 4 个时期。

（1）初步烘干期。起烘温度掌握在 35℃为宜，烘干机的进气孔和排气孔全部打开，每 3 小时升温 5℃，烘干 3～4 个小时。此阶段可促使直立的菌褶固定下来。

（2）恒速烘干期。烘干 3～4 小时以后，温度要逐渐升至 50℃左右，每 1 时升温 5℃，关闭 1/3 的进气口和排气口，烘干 3～4 个小时。此阶段可促使菇盖定形。

（3）烘干后期。烘干 8～9 小时，温度逐渐升到 55～60℃，关闭 1/2 的进气口和排气口，此阶段一般烘干 3～4 小时。此阶段菌褶和菌盖边缘已烘干，开始产生香气。

（4）完全烘干期。最后烘干 1 个小时，温度应控制在 60～65℃，进、排气孔全部关闭，使热空气上下循环，保证菌褶蛋黄色并增加香气。干制后的香菇含水量在 13％以下。

20. 如何防治袋栽香菇生产中菌棒腐烂?

香菇生产过程中，菌棒培养阶段和出菇阶段，均会不同程度地发生菌棒腐烂现象，菌棒腐烂造成了资源的浪费和菇农经济损失。

菌棒腐烂发生的根本原因是竞争性杂菌入侵感染。诱发杂菌入侵感染的因素主要有以下几种。

（1）栽培品种抗逆性减弱。香菇抗杂菌入侵能力等抗逆性的退化，使得竞争性杂菌侵入危害，菌棒腐烂。

（2）恶劣的栽培环境。高温高湿、通风不良导致菌丝生长抗逆性减弱，诱发腐烂。

（3）菇类害虫入侵。害虫直接咬食菌丝体，菌丝受伤后杂菌入侵感染，形成虫菌交叉感染，菌棒腐烂。

（4）刺孔损伤。刺孔通气操作时，刺孔器械（铁钉、竹签等）直接刺伤菌丝，杂菌入侵感染，造成菌棒腐烂。

（5）药害损伤。香菇菌丝或子实体对多数农药都很敏感，易形成药害损伤。

针对菌棒腐烂原因和引发途径，香菇菌棒腐烂的防治工作应以预防为主，治疗为辅，并始终贯彻整个栽培管理过程。

　　防治技术措施主要有：①选用抗逆性强的优良香菇品种。②加强栽培场地的环境卫生。前季的废菌棒要及时清理，老菇场要喷洒高效低毒的杀菌杀虫剂，减少杂菌污染源，降低虫口密度。③严格控制消毒药品的用量。防止因过量使用而杀伤、杀死香菇菌丝。④杜绝害虫、杂菌从接种口入侵菌棒。⑤规范刺孔通气操作。刺孔铁钉直径要小于2毫米，刺孔深1～1.5厘米，选晴天刺孔，不在瘤状物处刺孔。⑥改善通风散热条件。菇棚越夏管理中加强栽培场所通风换气和降温减湿，避开夏季高温损害菌棒。⑦合理治虫防病。应选用高效、无副作用、无毒、药效长的菇类专用杀虫剂。

二、黑木耳生产关键技术

21. 黑木耳主要栽培模式有哪几种？

黑木耳是我国著名的食用菌和药用菌，有"菌中瑰宝"之誉，被称为"素中之荤"，是我国传统的出口商品之一，我国黑木耳的产量占世界总产量的 96％ 以上，位居世界第一。黑木耳生产主要采用段木栽培和代料栽培两种模式。段木栽培主要是将适宜黑木耳生长的阔叶树枝干截成一定长度的木段，并将黑木耳菌种接种在木段上，放在适宜黑木耳生长的环境中培养的方法。在资源丰富、温暖、潮湿的高山地区和丘陵地区，合理间伐树木用于段木栽培黑木耳。代料栽培就是利用农林业副产品等代替树木作为培养原料来生产黑木耳的方法。代料栽培具有培养料来源丰富、生产周期短、投入成本低、产量高、经济效益显著、易于推广、可形成产业化规模等优点，已经成为目前生产黑木耳的主要栽培模式。

22. 黑木耳生长发育需求的营养物质是什么？

黑木耳是一种木生腐生真菌，自然界生长在阔叶树腐木上。黑木耳可生长的阔叶树树种很多，如麻栎、青冈栎、白杨、榆、白桦、槭、刺槐、桑、悬铃木等，凡含有松脂、醇醚类杀菌物质的阔叶树，如樟科、安息香科等树种均不能用来栽培黑木耳。因此，富含纤维素、木质素的阔叶树杂木屑、棉籽壳、玉米芯、大豆秸、高粱壳、甘蔗渣等农林副业下脚料都是黑木耳生长发育的良好碳源，在人工栽培中被大量使用。

氮素是在黑木耳生长发育中合成蛋白质和核酸的重要物质，在代料栽培黑木耳时，常添加适量含氮量高的麦麸或玉米粉、米糠，以促进菌丝的生长。

矿物质和维生素也是黑木耳生长发育必需的营养物质。生产中在培养料中加入少量磷酸二氢钾、石膏、碳酸钙、石灰等可补充钙、镁、磷、硫元素；麦麸和米糠可提供丰富的维生素 B_1、维生素 B_2 等维生素，利于黑木耳生长发育。因此，培养过程中一般不需另外加入维生素。

水是黑木耳维持生命活动的基本条件，在代料栽培中，黑木耳生长要求培养料含水量为 58%～65%。培养料的含水量高于 65% 时，黑木耳菌丝生长因供氧不足而缓慢；低于 58% 时，黑木耳出耳因供水不足而减产。在段木栽培中，木段的含水量应在 35% 以上，含水量低于 35%，黑木耳菌丝不易定殖成活。

培养料的酸碱度会影响黑木耳菌丝的生长。黑木耳适宜在微酸的环境中生长。菌丝适宜生长的 pH 范围是 5.5～6.5。

23. 黑木耳生长发育所需的环境条件有哪些?

（1）温度。黑木耳是中温型真菌，恒温结实型菌类。黑木耳菌丝体生长的温度范围为 5～35℃，以 22～26℃ 适宜，子实体生长发育的温度范围为 15～32℃，适温 20～25℃。温度超过 30℃ 时易自溶，出现流耳现象；温度低于 15℃ 时，耳基不易形成，分化十分迟缓。

（2）空气湿度。黑木耳菌丝体生长阶段水分主要由培养料提供，代料栽培黑木耳菌丝时，培养料的含水量以 60% 左右为宜；培养室空气相对湿度以 70% 为宜，低于 60% 时，空气干燥，培养料水分易蒸发；高于 70% 时，培养室内较潮湿，易引起杂菌污染。子实体生长形成时期对栽培场空气湿度的要求较高，以 85%～95% 为宜，空气湿度若低于 80%，黑木耳生长缓慢或停止生长；而湿度过大，黑木耳易霉烂。干湿交替可促进黑木耳优质高产。

（3）光照。黑木耳菌丝体生长阶段不需要光照，黑暗条件有利于菌丝生长。光线对黑木耳原基的形成有促进作用，光照过强，容易提前形成原基。子实体生长发育需要有 400 勒克斯以上的散射光，在 1 000～1 500 勒克斯光照条件下，黑木耳子实体颜色为深黑色。耳芽在一定的直射光下才能展出茁壮的耳片，有一定的直射光时，所长出的木耳既厚硕又黝黑，而在阴暗无直射光的耳场，长出的木耳肉薄、色淡、缺乏弹性。

（4）空气。黑木耳是好气性真菌，在黑木耳的整个生长发育过程中，新鲜空气是黑木耳正常生长发育的重要条件。如果二氧化碳浓度过高，会影响黑木耳的呼吸活动，导致黑木耳生长畸形或不开片，因此，栽培场地应有良好的通风条件，以利于气体交换，保持空气新鲜。

24. 栽培黑木耳需要怎样的生产场所？

黑木耳生产应选择光照充足、背风向阳、平坦开阔的空旷场地。要求周边环境卫生，靠近水源、水质优良、给排水方便，通风良好，交通便利，无污染源。

段木栽培黑木耳时一般选择在树木资源丰富的山区建耳场。耳场要选在云雾多、湿度大、冬暖夏凉、空气流通和靠近水源的地方，位置应坐北朝南，以海拔高度 500～1 000 米的半高山地区为宜，耳场地面以沙壤土为宜，保留有短草、苔藓等植被，周围做好排水沟以防积水。

代料栽培黑木耳生产场所分为栽培袋制作场所和耳场管理场所两部分。栽培袋制作场所主要有堆料场、辅料仓库、打包场所、灭菌场所、冷却场所、接种场所、菌种场所。耳场管理场所主要有发菌场所和出耳场所。黑木耳在菌丝生长阶段不需要光照，发菌场所的门和窗悬挂黑布遮光，以防止菌丝在生理成熟前出现耳芽。代料栽培黑木耳出耳场所可利用蔬菜大棚、空闲场地、林果树荫下等场地。黑木耳出耳方式主要是荫棚挂袋和露地摆栽出耳，栽培者可根据不同的出耳方式因地制宜构建不同的出耳场所。一般每 100 米^2 荫棚可挂 1 万袋。每亩露地可摆 1 万袋。

25. 栽培黑木耳生产季节如何安排？

黑木耳属中温型菌类。因为南北气候差异较大，段木栽培黑木耳生产的季节主要取决于当地耳场的平均气温；当地平均气温稳定在 5～15℃栽培为宜；接种时间一般安排在惊蛰前后到清明前；耳树砍伐时间一般在冬至以后至翌年立春之前。代料栽培黑木耳一年可以实施春种和秋种两次栽培，春季栽培一般在 1—3 月生产栽培，5 月陆续出耳；秋季栽培在 8 月初至 9 月制袋接种，10—12 月陆续出耳。代料栽培黑木耳培养菌袋，需要 40 天左右；出耳期（子实体生长期）需 50 天左右。各地栽培者可根据当地气候条件，调整生产时间，将出耳期安排在温度最适宜出耳的时期，从而推算出适宜的制种时间与生产栽培的季节。

26. 代料栽培黑木耳怎样进行原料的配制？

黑木耳代料栽培就是利用含木质素、纤维素较多的农副产品代替树木段作为培养原料进行黑木耳生产的方法。主要原料选用阔叶树锯木屑、玉米芯、棉籽壳，利用不同种类的木屑栽培黑木耳，其产量和质量都不一样，宜选用栎树、榆树、桦树、苹果树、梨树、杏树等阔叶树中硬质树种的锯木屑，辅助原料选用麦麸、米糠、石膏粉、生石灰等，各地区资源状况不同其培养原料配方不同。春、秋两季栽培因气温不同，发菌时间及出耳时间存在差异，原料配方比例可做相应调整，春耳发菌时间及出耳时间相对秋耳长，故在调整配方比例时，春耳较秋耳辅料比重可相应增加，辅料比例调整范围为 10%～20%。以下几种常用黑木耳栽培配方可供参考。

（1）杂木屑 81%、麦麸 10%、玉米粉 5%、黄豆粉 2%、石灰 1%、石膏粉 1%。

（2）杂木屑 30%、棉籽壳 30%、玉米芯 28%、米糠 10%、石膏 1%、石灰 1%。

（3）杂木屑 59%、玉米芯 29%、麦麸 10%、石膏 1%、石灰 1%。

（4）杂木屑 70%、棉籽壳 18%、麦麸 10%、石膏 1%、石灰 1%。

（5）棉籽壳 43%、玉米芯 44%、麦麸 8%、玉米粉 3%、石灰 1%、石膏粉 1%。

选择木屑为主料时要粗细搭配，搭配原则是粗少细多，目的在于保水透气，建议比例是粗木屑占 30%～40%，拌料前预湿，细木屑占 60%～70%，这样搭配可以平衡培养料中水分与通气之间的关系，降低污染率，提高产量。

27. 栽培黑木耳菌种如何选用？

黑木耳种植同其他农作物一样，菌种好坏直接关系到产量的高低和栽培的成败，优良的菌种是黑木耳生产获得高产稳产的先决条件。在菌种选用上应注意以下事项。

（1）品种选择。在黑木耳生产中，要充分了解所栽培品种的特性，选择高产、稳产、抗逆性强、商品价值高的菌株。不同培养原料适宜的栽培品种存在差异，段木栽培和代料栽培所选用品种有所不同。不同气候条件适宜的栽培品种存在差异，南方栽培和北方栽培所选用品种有所不同，春季栽培和秋季栽培所选用品种有所不同。黑木耳品种繁多，优先选用单片、朵形美观、色黑、厚实、口感软糯、出耳快、耳芽生长整齐，且适合当地气候的优质稳产的栽培品种。代料栽培生产上常用的品种有黑耳1号（8808）、黑耳2号（黑29）和黑耳916等。各地应结合当地实际生产情况条件，因地制宜，选用优良菌种。

（2）菌种纯度。在黑木耳生产中，菌种纯培养是保障菌种质量的基本要求，选用菌种必须无杂菌污染、无异味、无杂色、培养基不干涸萎缩，无黄水。

（3）菌种活力。在黑木耳生产中，菌种活力高低是衡量菌种质量好坏的指标之一。黑木耳生产用菌种的菌龄30～45天为适宜，选择菌丝体生长快、粗壮、接种后定殖快、生命力强的作为菌种。菌丝洁白、粗壮有力、整齐、发育均匀，瓶壁出现菊花状或梅花状的胶质原基，褐色至黑褐色，均为优良菌种。若菌丝稀疏，培养料颗粒可见；或在菌丝满瓶之前出现原基，菌瓶基部出现淡黄色积液的，均为劣质菌种。

28. 如何进行黑木耳栽培菌袋的制作？

黑木耳栽培菌袋制作工艺流程为备料→配料拌料→装袋→灭菌→冷却→接种。

（1）备料。根据培养料的配方要求准备好各项原料，原材料必须新鲜、无霉变、无腐烂、无虫蛀；主料要进行充分过筛，滤除大块，如未粉碎彻底的木屑或杂质等，避免颗粒尖利刺破菌袋造成微孔，引起杂菌污染。使用玉米芯和棉籽壳时，需提前 8～10 小时预湿堆闷。栽培袋的材质选用代料亲和力好、延展性好，耐磨损、伸缩性强的聚乙烯黑木耳栽培专用袋，以保证培养基的固型性、持水性。长袋栽培的宜选用 15 厘米×55 厘米规格的高密度低压聚乙烯或聚丙烯薄膜折角袋，短袋栽培的宜选用 17 厘米×35 厘米规格，厚度 0.004～0.005 厘米。

（2）配料拌料。将原料混合拌匀，力求均匀，即主、副料混合均匀、水分均匀、酸碱度均匀。培养料混合均匀可使菌丝生长整齐。培养料含水量应控制在 60％左右，拌好后，用手握紧培养料，指缝间有少量的水分渗出，伸开手掌后，培养料能成团，落地能散开，就说明水分合适。

（3）装袋。拌料后培养料填装到塑料袋中，栽培袋的生产尽可能使用装袋机打包装袋，要求培养料填装紧实，上下一致，窝口后，料面平整无散料、料袋紧贴、无涨袋、无褶皱、无破损。每袋料湿重 1.2～1.3 千克（折干料重 0.6 千克）。

视频3　小型工厂化菌棒
（袋）制作工艺

（4）灭菌。装袋完毕应及时灭菌。常压灭菌时，应尽快在 4 小时内使锅内温度升至 98℃以上，保持 10～12 小时，以免培养料发酸变质。高压蒸汽灭菌保证锅内压力 150 千帕，保持 2～3 小时。

（5）冷却。料棒灭菌结束后移放到预先消毒的冷却室或接种室中冷却，要防止因冷却不当产生倒吸污染。

（6）接种。当栽培袋冷却至 28℃以下时便可接种。接种应严格按照无菌操作规程来进行。每瓶（袋）栽培种接种量为：短袋栽培 20～30 袋，长袋栽培 6～8 袋。

29. 代料栽培黑木耳生产中的消毒灭菌注意事项是什么？

黑木耳生产过程中要掌握基本消毒灭菌技术，涉及消毒灭菌的措施主要有菌袋灭菌、接种消毒、栽培环境消毒等环节。在黑木耳栽培全过程中应注意以下事项。

（1）菌袋灭菌彻底。选用新鲜无霉变的原料，快速装袋，从拌料到装袋结束用时不超 4 小时，防止培养料中大量杂菌滋生造成酸败。料袋进灭菌锅应留有一定的空隙，使蒸汽流畅，培养料受热均匀，避免出现灭菌死角。料袋进灭菌锅后，旺火升温，并要将灭菌锅内冷气排放干净，在 4 小时内温度上升至 98℃，保持 10～12 小时，做到不停火、不加冷水、不降温，最后旺火猛攻，防止灭菌不彻底。灭菌结束后，不要马上取出菌袋，一般应闷锅，利用锅体余热继续杀菌。

（2）接种无菌操作。接种场所应严格消毒，接种前用清水或消毒剂来苏水或 5％的石碳酸向空中喷雾，对接种环境进行降尘处理，接种室的空间消毒选用气雾消毒剂进行熏蒸消毒。对接种用具、菌袋外表及接种者双手要用 75％的酒精或 0.1％高锰酸钾溶液擦洗消毒。做好接种前菌种预处理，即对菌种瓶（袋）的外壁和棉花塞用 75％酒精浸洗表面消毒。接种操作必须严格遵守无菌操作规程。

（3）环境场所消毒。注意定期进行栽培环境和场所消毒灭菌，以减少外界杂菌的侵害。最简单的方法就是阳光下暴晒，保持环境和场所的洁净、干燥。石灰粉、硫黄、漂白粉、过氧乙酸等是常用的环境消毒剂，定期对环境和场所进行喷撒消毒防治，可有效地控制杂菌的传播与蔓延。

30. 黑木耳菌袋发菌期管理要注意什么？

把接菌后的菌袋放入干净的室内或大棚内进行发菌培养。发菌场所在使用之前，应进行全面消毒和杀虫，保持通风干燥。短袋采取立式排放，行间距 5 厘米；长袋采取卧倒排放，排放高度不超过 3 层，或"井"字形交叉重叠排放。发菌期管理要注意以下事项。

（1）黑木耳为中温型食用菌，菌丝生长适温为 22～28℃。培养前期 10～15 天培养室温度以 25～26℃为宜，促使接种菌块定殖萌发，待菌丝生长延伸至培养料 1/3 处后，随着黑木耳菌丝量增长繁殖，释放出热量，菌袋内的温度高于培养室 2～3℃，因此，培养室的温度应降低至 22℃为宜。当菌丝延伸至培养料 2/3 处时，室温降至 20℃，使菌丝生长健壮。

（2）黑木耳菌丝培养环境的空气湿度应控制在 55%～70%。湿度太低使培养料水分蒸发快，对黑木耳菌丝生长不利；培养室湿度太大，容易发生后期污染，加深杂菌感染程度。

（3）菌丝生长必须在黑暗条件下培养。培养场所应保持黑暗或极弱的光照度，一般应在 100 勒克斯以下。强光下菌丝易老化，过早出现耳芽，消耗营养。

（4）注意培养场的通风换气。每天每次通风时间在半个小时以上，保证新鲜空气的畅通。

（5）注意观察菌袋的生长状况。培养 5 天后，检查发菌情况、杂菌污染情况，剔除出杂菌感染的菌袋，在培养过程中尽量少动菌袋，在检查杂菌时，一定要轻拿轻放。

（6）后熟培养。黑木耳菌丝长满袋需 45～50 天，再继续培养 10～20 天，使菌丝继续分解基料营养、增加生物量、贮备出耳能量、提高黑木耳抗污染能力，然后移入栽培场进行催芽出耳管理，由营养生长转入生殖生长。

31. 代料栽培黑木耳菌袋出耳方式有几种？

近年来，代料栽培成为我国黑木耳栽培的主要方式。黑木耳代料栽培模式不断创新，出耳方式呈多样化。以出耳技术方式为分类依据，可将栽培模式分为全日光栽培技术、小孔出耳技术和立体吊袋出耳技术。在北方栽培地区，主要采用规格为 17 厘米×33 厘米的栽培短袋，出耳方式是直立地摆全日光露地出耳或大棚立体吊袋出耳；在南方栽培地区，主要采用规格为 15 厘米×55 厘米的栽培长袋，主要出耳方式是支架斜立大田畦栽或农林作物间套种。随着出耳管理技术和设施配套能力不断提高，目前以大棚立体吊袋出耳技术为代表的出耳模式，已经在全国范围内推广应用。大棚立体吊袋出耳不仅提高土地利用率，还可通过棚室遮阴、防雨、保温和控湿等功能，最大程度地发挥自然气候优势、有效消减外界条件不利影响，实现出耳时段、周期和季节的灵活调整，从而达到提高单袋产量、产品质量和栽培效益的目的。

32. 黑木耳立体吊袋栽培技术要点是什么？

黑木耳立体吊袋栽培生产工艺流程：培养料配制→装袋→灭菌→冷却→接种→发菌管理→刺孔管理→吊袋催耳→出耳管理→采收。

（1）棚架搭建。立体吊袋大棚可用镀锌钢管钢架结构搭建（彩图2-1）。大棚规格为12米×24米，柱距6米，顶高4米，肩高3米，呈"人"字形顶并加一层遮阳层，标准棚面积为288米²，每棚吊袋8 500袋左右。棚内系绳挂袋所用钢筋与棚同向，2根1组，间距30厘米，作业道70厘米，安装雾化喷水设施。

（2）菌袋生产及发菌管理。黑木耳吊袋栽培菌袋的制作及发菌管理同常规菌袋生产的方法一样。要求提高装袋的质量，培养料不仅要装实，还要上下松紧一致，料面平整无散料，袋料紧贴，料袋无褶皱，袋料不可分离（彩图2-2）。

（3）刺孔管理。菌袋开口育耳要在袋和料紧贴处划口。刺孔一般有两种方式，V形口和刺子孔。可在菌袋上均匀开出V形出耳口，呈"品"字形，深度以0.3~0.6厘米为宜，V形口边长以1~1.5厘米为宜，孔间相距5~6厘米，每个菌袋上开孔12~16个；若采用圆钉孔打出耳口，则孔径0.3~0.4厘米，孔深0.6~0.8厘米，每个菌袋上开孔100~180个。

（4）吊袋催耳。开孔后菌袋悬挂于耳架上，每平方米（含作业道）挂袋最大密度为80袋，袋与袋间距10~15厘米，底部菌袋距地面30厘米（彩图2-3）。大棚吊袋可随割口随挂袋，也可以先割口催耳芽再吊袋。开口后的菌袋进行催耳工作，管理上是保温、保湿、防止孔口干燥、促进菌丝恢复。在耳芽形成阶段不宜向菌袋喷水，棚内空气相对湿度保持80%左右。保湿方法可将地面浇透水，每天喷几次雾状水，在适温下10~15天可见耳芽。

（5）出耳管理。耳芽出齐后应严格控制大棚温度在20~25℃，通过覆盖遮阳物或加强通风换气控制温度，黑木耳出耳管理主要任务是水分管理，黑木耳生长期对水分的管理本着"先干后湿、干湿交替"的原则，喷水时依据天气情况灵活控制，保证木耳生长的空气相对湿度在80%~85%即可（彩图2-4）。

（6）采收。当耳片长到 3～4 厘米时，耳片充分舒展，耳根收缩，肉质肥软，即可采摘。采收前停水 1～2 天，采摘时，要选择晴好天气，采摘时一手握住吊绳，一手摘下木耳，注意不要碰到两侧的吊挂耳棒，以免耳棒脱落造成损失。

33. 露天地栽黑木耳出耳管理技术要点是什么？

露天地栽黑木耳不用搭棚，可以在大田内或林地进行，也可在房前屋后空地做床，操作方便，出耳管理简单，节省人工成本。

（1）耳场选择与整地搭架。选择水源方便、能灌能排的地方，最好选择平地或"六阳四阴"的林地作耳场，南北向坡或顺坡作畦床，畦床一般宽 1.1～1.5 米，高 15～20 厘米，作业道宽 50～60 厘米，畦床四周应挖排水沟，避免积水。沿着畦的纵向架设靠架，靠架行距 30 厘米、高度 25 厘米，用铁丝连接而成。摆菌棒前，畦床面撒一层白灰，浇一遍透水，然后喷甲基硫菌灵和敌百虫 500 倍液，之后在出耳床面铺设一层地膜或编织袋片，防止耳片被泥土沾染和杂草生长。

（2）架设喷水设施。耳床离地面 70 厘米处设置 1 条喷水带或架设安装雾化程度较好的微喷头，间距依喷水器的喷水半径而定。

（3）刺孔催耳。当菌丝长满袋，应再后熟 15～20 天，达到有效积温就可进行刺孔催耳。使用专门的刺孔机刺孔，短袋一般每个菌袋开孔 80 个左右；长菌棒一般每棒扎 180 个，深度 0.5 厘米；均匀分布。菌袋刺孔后，大量氧气进入菌棒内部，菌丝受刺激，生理活动增强，促进菌丝恢复和耳基形成。

（4）排场出耳。将菌棒直接搬至耳场，然后边打孔边排放，袋距 3～5 厘米，盖上塑料布和遮阳网，一般排场密度约 8 000 袋/亩（彩图 2－5）。排场应在晴天或阴天进行，排场前耳床应浇透水，用石灰全面消毒。菌棒排场后，前 2 天不喷水，后分次、短时喷水，防止菌棒脱水，保持场地的空气相对湿度 85%～90%，以促进耳基的分化。早期排场气温若升高到 25℃以上时，遇晴天要在耳场 1.5 米上空拉上遮阳网，日落后收起。一般刺孔 7～12 天后，肉眼能看到洞口有许多小黑点产生，并逐渐长大，连成一朵耳芽（彩图 2－6）。15～25℃环境适合黑木耳生长，喷水促进其生长。喷水量和时间随黑木耳长大而增加。黑木耳在生长过程中，要拉大干湿差，做到干干湿湿以促进耳片生长和减少烂耳发生。

（5）出耳管理。在耳芽生长期间，耳床表面湿度保持在85％，早晚可向耳袋喷雾状水保湿，此期忌勤浇水、浇大水，高温、高湿极易引发流耳。在耳片伸展期，水分散失较多，需要加大湿度，以保持耳片快速生长，每天早、晚浇水3～4次，炎热天气中午应禁止浇水，浇水时喷雾状水。

（6）采收加工。当耳片充分伸展、边缘有皱褶并变薄，耳根收缩，耳片内侧产生大量白色孢子时，说明耳片已经达到八九成熟，此时耳片质量好，应选择晴天及时进行采收。采收前1～2天停止浇水，采收时用手握住耳片的基部，将其轻微扭转，即可将木耳摘下；也可用薄刀片沿袋壁割下。采收后，将木耳及时清理干净，均匀地晾晒在上下通气的晾晒网上，不宜叠放，耳片朝上，注意不能随便翻拌。晾干之后就可以对黑木耳包装入袋，于黑暗干燥的地方贮存。

34. 代料栽培黑木耳怎样获得优质的小孔单片？

单片木耳（彩图2-7）碗状、无根、筋脉较少、色黑、肉厚、口感好，价格高于大朵木耳。黑木耳小孔单片栽培与大朵木耳栽培环节主要有以下区别要点。

（1）品种选择。单片木耳栽培品种选择黑厚、圆边、碗状、单片少筋、出耳齐的黑木耳。目前较适宜的菌种是黑耳2号和黑威10。

（2）代料选择。选用亲和力好、回缩力好的原生材料，以低压聚乙烯为好，不可使用便宜的再生塑料袋。

（3）菌袋制作。木屑用硬杂木屑，最好是用粗颗料和细木屑混合，打出的菌包硬挺、结实。小孔单片栽培培养基的主要配方为木屑86％、麦麸10％、豆饼粉2％、石膏1％、石灰1％。装袋要装得紧实；装袋完成后检验菌袋上下无褶皱，上下松紧一致。灭菌接种生产操作过程中注意菌袋壁要贴紧料面，防止袋料分离。菌袋上架培养应该是立式摆放，防止菌袋压扁、变形。培养室温度控制在24℃左右，恒温培养，有利于袋料紧贴。

（4）刺孔育耳。小孔单片黑木耳栽培后熟培养时间比常规多几天。当培养基变硬以后，就可以进行刺孔。打孔孔径 0.3～0.4 厘米，深度 1 厘米，每个菌袋孔的数量多少因菌袋大小而定，一般袋高在 20 厘米左右时，刺孔数量在 120～180 个。打孔工具可用 0.3～0.4 厘米的梅花改锥，或使用开口机。待打孔眼完全愈合后，再搬于栽培场进行增湿催耳。出耳床摆袋前要浇 1 遍透水，将刺孔的菌袋按袋间距离 3～4 厘米摆放。摆好后覆盖塑料袋、草帘以保湿催芽，保湿 7～10 天，打孔处即可全部形成耳基，当耳基长成耳芽时，去掉草帘育耳。当耳长至 1～2 厘米时，将菌袋间距调至 10～15 厘米，以利于黑木耳更好地展片。

（5）育耳管理。耳芽形成至采耳阶段的管理要点是控温、增湿、通风。展耳期温度以 20～22℃ 为宜，耳片发育整齐、健壮、耳形好、色泽深、商品价值高。初期因耳片抗逆性差，要勤喷、轻喷、细喷，使空气相对湿度为 85%～90%，保持耳片湿润不卷边。当耳芽长至扁平或圆盘状时，应适当加大喷水量，提高空气相对湿度至 90%～95%，防止耳片蒸腾失水，促进耳片迅速生长。但要注意干湿交替管理，使耳片健壮生长。

（6）采收。出耳芽后，一般在适宜条件下再培养 15～20 天即可成熟。当耳片充分舒展变软、颜色变浅、耳基收缩、耳边内卷、肉质肥厚、腹凹面见白色孢子粉时，应及时采收。小孔单片栽培可采 3～4 潮耳。

35. 黑木耳代料栽培中常见的病害及防治措施是什么?

黑木耳的病害主要表现为杂菌的侵染，在黑木耳代料栽培中危害比较大的病菌主要有木霉菌、毛霉菌、黑根霉菌、链孢霉菌等。病害对黑木耳的危害发展迅速，在培养料中同黑木耳争夺养分、水分、氧气，其分泌的毒素抑制黑木耳菌丝体的生长，使菌丝萎缩死亡；使子实体变色、萎缩、畸形，甚至腐烂，降低或完全失去商品价值。

（1）木霉病。常称绿霉病，该病多发生于菌丝培养期、排场期及出耳后期的菌棒上。菌丝培养期表现为在接种口或菌棒内出现绿色点状或斑块状，该阶段木霉病发生的主要原因是没彻底消灭培养基中的木霉菌，环境消毒不彻底，无菌操作不严格。排场期发病表现为在菌棒底端靠近地面处或下半侧出现块状的绿色霉层，逐渐向中上部蔓延，整支菌棒发生绿色霉层而腐烂。出耳后期在没有彻底清除的耳基上发病，在出耳管理阶段木霉发生主要是由环境中高温、高湿条件诱发。

防治措施： 应对培养基进行彻底灭菌，保持周围环境卫生，保证通风良好。若菌袋出耳阶段发生木霉病，可先将菌袋置于阳光下晾晒，再用石灰水擦洗。

（2）毛霉病。常称为长毛菌病，该病多发生在菌袋生产阶段的前15天，表现在接种穴的周围出现纤细、色淡的白色菌丝，生长迅速，出现黑色孢子。其危害是隔绝氧气，与黑木耳争夺养分和水，分泌毒素，影响黑木耳菌丝的生长。在温度高、湿度大、通风不良条件下发生，是典型的环境污染诱导发病。

防治措施： 可用漂白粉、多菌灵、石灰等喷洒地面，抑制霉菌生长。

（3）链孢霉病。发生初期，接种穴或袋破损口的四周出现纤细棉絮状的菌丝，易在袋内产生浅黄色积水，并在料袋破口处形成橘黄色或白色粉团，形成橘红色粉状孢子后散发到空气中到处传播，很快可在菌袋间蔓延。出耳期发生是由于黑木耳排场期遇高温高湿天气，表现在菌棒刺孔口出现白色粉团。链孢霉主要危害是与黑木耳菌丝争夺营养，一旦出现会对生产造成很大的威胁，甚至导致绝产。

防治措施： 黑木耳菌袋生产尽可能避开高温高湿季节；应采用套袋法接种，防止菌袋之间出现交叉污染。已经发生链孢霉感染的菌棒，先用柴油浸湿棉花团，然后将棉花团直接按压在感染部位，并用湿报纸包裹感染菌棒搬至其他场所隔离处理，防止孢子四处飞散相互感染。

（4）黄水病。发病初期木耳菌丝能正常生长，但表现为菌丝生长末端不整齐或有明显的缺刻，发菌后期耐热性细菌繁殖，木耳菌丝停止生长，并在袋壁或料面产生黄色分泌物（黄水），最后导致多种真菌（如木霉、青霉）的继发感染，使菌棒发生腐烂。

防治措施： 选用优良适龄的菌种，杜绝菌种隐性带菌；培养料要求新鲜，不可霉变，原料预湿透彻以达到灭菌彻底；培养过程控制恒温培养，避免因昼夜温差、阶段性温差过大使冷凝水沉积，导致细菌感染。

36. 黑木耳代料栽培中常见的虫害及防治措施是什么？

（1）螨虫。菌丝体和子实体被螨虫取食后，可造成菌丝退菌，使培养基发黑、发红、潮湿、松散、"淌红水"，并可能携带病菌，导致菌袋感染杂菌。螨虫从幼螨到成螨都能造成取食危害。螨虫喜高温，繁殖速度快，菌房一旦出现螨虫后，一时难以控制，若防治不利，连续几年都易出现螨虫危害，严重时会造成毁灭性损失。防治措施：选用无螨菌种，菌棒接种场所、培养场所要远离污染源及原料堆放场；培养场所要彻底清理，将菌房废菌、杂菌袋清除，保持环境卫生，减少污染源。也可使用专用杀螨药熏蒸；用菇净、菇虫净等杀虫剂喷洒，菌棒脱套袋前用菇净等杀虫剂喷施 2～3 次。

（2）线虫。线虫是一种无色的小蠕虫，体形很小，体长仅 1 毫米左右，线虫危害木耳菌丝，使培养料产生一种暗色潮湿没有木耳菌丝的病区，并产生刺激性的气味。

（3）跳虫。跳虫是一种弹尾目的昆虫，看起来好像烟灰一样，又叫烟灰虫。危害食用菌的主要是紫跳虫，其体长 2～3 毫米，全身紫黑色。主要危害子实体。如在培养室发生跳虫，可喷 0.1％的鱼藤酮或 0.05％～0.2％的除虫菊素。

（4）多菌蚊。多菌蚊成虫在接种穴或刺孔口产卵，幼虫孵化后，从接种处逐渐取食孔口四周的菌丝，导致退菌现象，肉眼可见在耳袋中出现白色或橘红色小虫，中后期菌丝逐渐消退，同时并发多种真菌和细菌污染，从孔口流出黑色渍状的液体，直至菌丝完全死亡而使菌棒报废。防治措施：在培养场所安装防虫网，防止蚊虫进入。宜用黑光灯、频振式杀虫灯、粘虫板等诱杀蚊虫。用菇净等杀虫剂喷杀，但在耳片生长期间及采耳前严禁使用农药。

37. 黑木耳代料栽培中畸形耳和流耳发生的原因是什么？如何预防？

（1）拳状耳。表现为原基不分化、耳片不生长，球状原基逐渐增大，也称拳耳、球形耳，栽培上称不开片。发生的主要原因是出耳时通风不良，光线不足，温差小，划口过深、过大或分化期温度过低。

预防措施：划口规范标准，耳孔不要过深；分化期加强早晚通风，让太阳斜射刺激促进分化；合理安排生产季节，早春不过早划口，秋季不过晚栽培，防止分化期温度过低。

（2）瘤状耳。表现为耳片着生瘤、疣状物，常伴虫害和流耳现象。发生的原因是高温、高湿、不通风，虫害和病菌相伴滋生并加重瘤状耳的病情。

预防措施：选择适宜出耳时期，避开高温高湿季节；子实体生长期要注意通风；为抑制病菌与虫害滋生，应多让太阳斜射耳床。

（3）黄白耳。表现为耳片色淡、发黄甚至趋于白色，片薄。发生原因是菌种老化使菌丝活力下降，抗不利环境能力减弱；养菌期料温超过30℃时，菌丝生长就会受阻，严重时出现烧菌现象，菌丝代谢过快加速菌种老化，菌株抗逆境能力下降，就易造成后期出耳耳片变黄，甚至有流耳、不出耳现象发生。出耳期浇水过多、过勤和连雨天也易造成耳片变黄。

预防措施：生产时选择菌丝生长旺盛、活力强、不退化、不老化的优质菌种，发菌期和催耳芽期应控制温度在25℃以下；出耳期水分管理应干湿交替变化，确保耳片生长又黑又厚实。

（4）烂耳。又名流耳，表现为耳片成熟后变软，耳片甚至耳根自溶腐烂。黑木耳在接近成熟时期，不断地产生担孢子，消耗子实体里面的营养物质，使子实体趋于衰老，此时遇到过大的湿度极容易溃烂。在温度较高，特别是湿度较大，而光照和通气条件又比较差的环境中，子实体常常发生溃烂。细菌和害虫的侵害也是造成耳片溃烂流失的原因。

预防措施：加强出耳期间管理，注意通风换气、控制光照条件等。耳片接近成熟或已经成熟应及时采收。可用500倍液的代森锌溶液喷雾，防止流耳。

38. 黑木耳段木栽培生产的耳木制作有哪些技术要点？

黑木耳段木栽培方法在我国已有悠久历史。其栽培工艺流程为：

耳场选择→耳树选择→段木准备→段木接种→上堆发菌→排场起架→出耳管理→采收。

（1）耳场的选择。耳场要选在耳树资源丰富、背风向阳、光照充足、靠近清洁水源、排水和交通方便的地方。耳场使用前用5％的漂白粉溶液、10％的白蚁粉溶液、500倍菊酯类农药等喷洒地面灭菌、灭蚁、灭虫，再在地面上撒生石灰粉进行消毒。

（2）耳树的选择。栽培黑木耳的树种很多，除了松、杉、柏、樟等含有油脂和杀菌物质的树种以外，大部分阔叶树木能栽培黑木耳，常用的有麻栎、栓皮栎、青冈栎、榆等。宜选用树龄8～10年，树木直径在6～10厘米的边材发达，树皮厚且不易脱落的树种。选用生长在阳坡，土质肥厚的山地上的树木为好。

（3）段木的准备。段木砍伐时间以冬至到立春之间为宜，这段时间树木进入休眠阶段，营养丰富，树皮层与木质层之间结合紧密不易脱皮。树砍后保留枝叶10～15天后再剃枝。剃枝后将树木锯成1～1.2米长段木，然后按"井"字形堆叠架晒在地势高、通风向阳的地方干燥。在架晒过程中每隔10～15天翻堆1次。待截面出现放射状细裂纹时，便可进行接种。

（4）段木接种。接种穴孔用电钻打洞穴，洞深1～1.5厘米，洞距8～10厘米。如用锯木菌种的应填满穴，按紧后盖好预制的树皮盖；采用枝条菌种的，菌种插入接种孔后用锤敲紧，使之与段木表面平贴、无孔隙。一般每5根段木需750毫升的菌种1瓶。

39. 黑木耳段木生产的耳木管理有哪些技术要点？

（1）上堆发菌。接种后的段木称为耳木。将接种的耳木堆放排成"井"字形，高1.2～1.5米，每层耳木之间保留4～6厘米的空隙通气，每堆用塑料薄膜覆盖，以利于保温保湿促进发菌。堆内温度在22～25℃为宜，空气相对湿度70％～80％。上堆10天后每隔1周翻堆1次，将耳木内外和上下调换位置，发菌时间需25～30天。

（2）排场起架。促使木耳菌丝在耳木中迅速蔓延，将发菌好的耳木及时排场起架。排场方法是在湿润的耳场横放木杆，然后将耳木大头着地，小头枕在木杆上，耳木之间隔5厘米，排场期间需要翻棒，即每隔 7～10 天把原来枕在木杆上的一头与放在地面一头对换；把贴地一面与朝天的一面对翻，使耳木均匀接触阳光和吸收水分。排场后30 天左右，当有 80％左右的耳木产生耳芽时即可起架。起架形式将耳木两面交错斜靠在横木上，形成"人"字形耳架，耳木离地面高50 厘米，耳木间留 10 厘米间隙，便于出耳和采收。一般每架放 50根耳木。

（3）出耳管理。耳场空气相对湿度要求在 85％～95％，水分管理是主要重心工作。喷水的时间、次数和水量应根据气候条件、耳木干湿情况和幼耳生长情况灵活掌握。喷水时间以早晚为好，每天喷1～2 次，最好喷雾状水，要喷全喷足。营造干湿交替的环境条件是因为干干湿湿对木耳生长极为有利。每次采耳之后，应停止喷水 3～5 天，降低耳木含水量，增加通气性，使菌丝复壮，积累营养，然后再喷水，进行下一茬木耳的生产。

（4）采收加工。当黑木耳的子实体边缘出现皱褶、耳梗收缩，耳片腹部出现大量的白色孢子粉时就标志着耳片发育成熟，应及时采收。采收前应及时停水晒段，使木耳在段木上晒干之后再采收。春耳和秋耳的采收，可采大留小，伏耳要大小一起采收。每次采耳之后，应停止喷水 7～8 天，当耳木截面重新出现裂痕时，即可恢复喷水，连续喷水 7 天左右．促进子实体生长。段木栽培黑木耳一般可连续采耳 3 年。采收后把耳根处理干净，散开摊放在晒席或晒床上暴晒 2～3 天即成干品；晒干时不要翻动耳片，以免耳片内卷影响品质；黑木耳干制好后要立即装入塑料袋，放在干燥通风处，以免吸潮变质。

三、平菇生产关键技术

40. 平菇对环境条件有哪些要求？

（1）温度条件。平菇的不同发育时期对温度要求不同。孢子萌发的最适温度为 24～28℃；菌丝在 3～35℃ 之间均可生长，在 25～27℃间生长最快。子实体形成需要较低温度，以 10～18℃ 为适宜，也因平菇的品种不同略有差异。平菇属于变温结实性菇类，菌丝成熟后，人工变温能刺激子实体的分化和形成。在平菇的生长温度范围内，昼夜温差为 10℃ 左右时，可促进子实体的形成。

（2）湿度条件。水是平菇生长的重要条件。菌丝生长要求培养料含水量为 60%～65%。含水量过高、过低都不利菌丝生长。子实体发育要求较高湿度，以空气相对湿度 85%～90% 为宜。低于 80%，子实体发育缓慢；高于 95%，子实体易腐烂，容易污染杂菌。

（3）空气条件。平菇是好气性真菌，需要吸收氧，排出二氧化碳。但菌丝生长对氧的需要量不太高，发菌前期，混合在培养料中的氧即可满足菌丝需氧量，后期养菌室需要通风换气。子实体发育要求通气良好。如果二氧化碳过多，则会抑制子实体的形成和发育，甚至形成畸形菇。当平菇子实体形成时，菇房要通风换气，保持空气新鲜，但通风不可直接对着菇体，否则也会影响子实体发育。

（4）光照条件。平菇菌丝在黑暗条件下能正常生长、子实体形成需要一定散射光。因此，在平菇形成子实体时，菇房内要能射进一定散射光，利于菇体发育；光线过暗易形成畸形菇；照射直射光会抑制子实体形成，使表层的子实体干裂。

（5）酸碱度（pH）条件。平菇在 pH 3.0～9.0 之间均能生长，但喜欢偏酸的环境，生长的适宜 pH 为 5.5～6.0，如果培养料 pH 过低可用石灰水调节。

41. 促进平菇原基分化的技术措施有哪些？

平菇在环境条件合适的情况下，菌丝长满培养料后即出现原基分化，产生子实体（彩图 3-1、彩图 3-2）。但出过第一潮菇后，第二潮菇、第三潮菇的原基形成比较慢，可采取以下措施，促进原基分化，缩短生产周期。

（1）生态刺激法。

①温差刺激。平菇为变温结实菇类，可利用昼夜温度的变化，结合人工管理措施，使环境的温度变化在 10℃ 以上，有利于原基的发生。

②干湿刺激。在菇床喷重水或培养料内灌水，提高了培养料的含水量和环境湿度后，采用加大通风量和延长通风时间的方法，造成培养料面干湿交替的生长环境，以加快菌丝的扭结分化。

③光线刺激。根据平菇原基发生具有光效应的特点，给予一定的光线刺激，可促进子实体分化。

（2）机械刺激法。

①搔菌。当气生菌丝生长旺盛，培养料表面会形成一层厚菌皮，影响原基分化。此外，采收第一、二潮菇后，由于停水养菌，培养料表面板结，透水透气能力下降，加快了菌丝衰老，也会影响原基分化。因此要根据不同情况，采取不同搔菌措施。

料面板结，菌皮过厚，失水过多，严重时料面出现干裂，可将料表面薄薄铲去一层菌皮，或将老化菌丝切去一层；对于菌皮较厚，但菌丝尚未老化的，可用小刀等尖利工具在料表面划出纵横交错的小沟来搔菌；室外畦床栽培的，可用扫帚在料面来回扫动，将老菌皮划破。不论采取何种搔菌方法，都应该将刮下的老菌丝清除干净，同时提高环境湿度，待菌丝恢复生长后，再进行喷水。搔菌后被切断的菌丝形成愈伤组织，养分积累与扭结加快，一般在搔菌 7 天后，即能形成大量原基。

②惊菌。这是一种古老的机械刺激方法。用木板敲击培养料表

面，也可以挤压菌袋，使培养料表面出现细微裂痕。给予营养菌丝一定刺激的方法，称为惊菌。惊菌之后，在培养料表面喷施重水，加膜覆盖，一般经过 7 天左右时间，即可出现大量菌蕾。

③接触（阻碍）刺激法。在畦床栽培中，当菌丝长满后，将消过毒的小木片、薄木板、竹片或玻璃碎片插入培养料并留在培养料以下 2 厘米处，可促进子实体的形成，提前出菇。

④镇压刺激。对于畦床栽培，菌丝长满后，在床面放小石块、砖块等重物镇压，对菌丝施加重力刺激，可促进镇压物周围出现更多的原基。

⑤打洞填土。在畦床栽培中，用直径为 4 厘米的木棒在床面呈"品"字形打洞，洞穴距 20 厘米，深至料底。打洞时，木棒在料内稍摇动几下，使边缘培养料出现裂缝，然后在洞内放入经过暴晒的土粒，土粒要高出床面 1 厘米，并结合喷水管理，土洞周围可出现大量子实体原基。

⑥碎块灌水。平菇畦床栽培经过 1～2 潮菇后，用竹片将培养料撬动，使其表面出现裂缝，然后用大水浇灌，灌后覆膜保湿，在缝隙及附近块面上会出现大量菌蕾。

（3）化学刺激法。施用三十烷醇、2,4-滴或赤霉素等，可促进菌丝生长，加速菌蕾形成。另外，喷施磷酸盐、硫酸盐、维生素和一些有机酸（如苹果酸、柠檬酸等）也可促进菌蕾形成。

42. 平菇代料栽培配方有哪些？

平菇代料栽培的原料有很多，主要有木屑、棉籽壳、废棉、稻草、甘蔗渣、玉米芯、玉米秸秆、花生壳、豆秆粉等，还可在其中添加适量麸皮、米糠、石膏、过磷酸钙等辅料。各地可因地制宜选用栽培配方。常用配方如下。

配方一：杂木屑 78%，麸皮（或米糠）20%，糖 1%，石膏 0.5%，石灰 0.5%。

配方二：杂木屑 78%，玉米粉 15%，黄豆粉 5%，糖 1%，石膏 0.5%，石灰 0.5%。

配方三：玉米芯 80%，麸皮 18%，糖 1%，石膏粉 1%。

配方四：玉米芯 60％，木屑 20％，麸皮 18％，糖 1％，石膏粉 1％。

配方五：棉籽壳 98％，石灰 2％。

配方六：棉籽壳 94％，石膏 2％，过磷酸钙 2％，石灰 2％。

配方七：棉籽壳 85％，米糠 10％，石灰 1％，石膏 2％，过磷酸钙 2％。

43. 平菇如何进行出菇管理？

平菇出菇场地要求洁净、通风良好、有保温设施、取排水方便。使用前应进行消毒杀虫处理，并在通风口安装纱窗，入口地面撒石灰。

将菌袋打开，用锋利刀片在塑料筒表面 2/3 处环割，揭去 2/3 部分，留下 1/3 部分。用菌袋砌成两堵墙（菌袋脱去塑料筒端相对、向内），有塑料筒端向外，两墙的间隙应下宽上窄，两墙间隙及菌筒间隙用菜园土（提前用 1％石灰及杀虫剂处理过）充填，墙高约 10 层菌袋，顶部用泥砌成水渠状，以便从此处向墙内注水（彩图 3-3）。也可以按以下配比配制营养土，菜园土或塘泥 500 千克、石灰 5～10 千克、磷酸二氢钾 2.5 千克、草木灰 5～10 千克，调整好水分备用。

菌墙砌好后，进行人工催蕾，此时最适温度为 15～17℃，人为拉大出菇场内的温差至 10℃左右（高温不超过 22℃），向菌墙内注水，并向地面喷水，环境湿度保持在 90％，但不直接向菌袋上喷水，同时给予一定光照，刺激促进菌蕾产生（彩图 3-4）。也可以不解开袋口，菌丝成熟时，尽量造成 10～12℃的温差，促进原基分化，当菌袋两端形成密集的菌蕾时，再解开袋口进行出菇管理。

出菇前期，保持空气相对湿度在 90％～95％，光照度 1 000～1 500 勒克斯，加强通风，通风量由小到大。当菌盖变大、菌盖与菌柄区别明显时，菇体需水量增加，每天可喷水 3～4 次。喷水应根据天气变化灵活掌握，阴雨天少喷或不喷；晴天多喷勤喷；高温天中午不喷早晚喷；冬天中午喷温水，结合向菌墙中注水，空气相对湿度保持在 95％～98％。同时加强通风和光照，使小菇体尽快生长，提高成菇率。成形期以前不可向子实体上直接喷水，否则会造成畸形菇或烂菇。此时管理的关键在于解决保湿和通风的矛盾，可采取地面灌水，通风后立刻喷水的方法，使子实体尽量从空气中吸收水分，减少培养料中水分的散失。当空气相对湿度低于90％时，培养料中的水分大量散失，不仅会影响到第一潮菇的产量，还会影响第二潮菇的发生。但空气相对湿度长期处于饱和状态，会引起菇体死亡。一般菇体在5～26℃下均可以生长，最适温度为18℃。

44. 平菇如何进行采收？

当菇体达八分熟时（即菌盖已展开但边缘稍向内卷且未释放孢子），即可采收。如果采收过迟，不仅影响第一潮菇的产量和品质，也会导致第二潮菇转潮慢、产量低、品质差。采收时用刀从基部将菇体割下，去除残留的根部和死菇，表面形成的菌膜也及时除去，防止衰老的菌膜使表面板结，影响培养料深处的菌体呼吸。由于料表面板结，水分不能蒸腾，以水为载体的运输作用也会受到影响。因此，对于衰老的菌皮要全部刮去，对于菌丝较嫩且洁白、菌皮较薄的菌袋，可用小刀等利器将菌皮纵横刮破，改善基料内菌丝呼吸效果，重新将菌袋口叠好，停止喷水3天，使菌丝恢复，准备出第二潮菇。

采收次日，可向裸露的菌袋喷施1％的复合肥，每隔数小时喷施1次。待上述肥液渗入袋中后，再按下述配方喷施营养液：维生素 B_9 2克，维生素 B_1 1克，硫酸镁50克，硫酸锌20克，硼酸30克，水50千克，此配方可喷施栽培料500千克。隔1天后再喷施 pH 为13～14的石灰水，调整料面酸碱度，防止杂菌污染，然后将袋口拉直。当菌盖直径长至5厘米以上时，再按下列配方喷施营养液：维生素 B_9 1克，维生素 B_1 1克，磷酸二氢钾80克，硫酸镁50克，硫酸锌20克，水50千克，每天喷2次，延续喷2～3天。肥液不可喷到菌褶上，以免造成死菇。

45. 平菇的分级标准是什么？

我国的平菇出口多以盐渍菇为主，外贸部门有一定的分级标准，根据菌盖的直径、颜色、菌柄长度、菌肉的厚薄等指标，将其分为3级。

1级：菌盖直径1~5厘米，菇色自然，菌盖肉厚，菇体破碎率小于5%，无杂质霉变。

2级：菌盖直径5~10厘米，菇色自然，菌盖肉厚，菇体破碎率小于5%，无杂质霉变。

3级：菌盖直径大于10厘米，菇体破碎率小于5%，无杂质霉变。

46. 旧菇棚栽平菇有何注意事项？

（1）确保菌种质量不退化、不携带杂菌，选择抗杂菌强，适应不良环境能力强的菌种。

（2）正确配比，处理好培养材料，创造一个发菌良好的内部环境，强化发菌速度，确保发菌质量。

（3）采用立体覆土出菇法，严防烧菌，发现有杂菌污染的菌袋，应隔离开，防止杂菌侵染土壤。

（4）平菇出菇期结束，应彻底清理菌糠，有条件的还应将上垛用土捡出，更换新土。

（5）在使用菇棚的前10天，应重新覆膜，平整土地，密闭菇房。先用15%的漂白粉水喷洒墙壁和地面，每100米² 用漂白粉水35千克左右，漂白粉有腐蚀性，使用时注意不要蚀坏衣服和皮肤。密闭2天后，进行烟雾消毒，按每平方米4~6克的烟雾剂用量即可，同样要求密闭严实，2天后打开通风孔进行通风。最后取新鲜石灰粉，根据菇房内地面的干湿程度，均匀撒一层，防止地面潮湿，抑制杂菌和线虫繁殖，以备下一轮的平菇生产。

47. 平菇菌盖向上翻卷是什么原因造成的？如何防治？

平菇菌盖生长发育时，幼菇菌盖边缘向下微卷，成熟时菌盖平展或向上微卷，过分成熟时则向上翻卷。有的幼菇也出现菌盖向上翻卷的现象，严重时整丛平菇菌盖向上翻卷，从外只能看到菌褶，不见菌盖，造成这种现象可能有以下4个原因。

（1）培养室空气相对湿度太低。

（2）大床栽培中，在气温低的情况下，用冷水大水浇灌。

（3）受高温袭击，菌盖边缘细胞受损伤，造成菌柄、菌盖细胞伸长失调。

（4）培养料内含有影响平菇生长的有害物质或使用的生长调节剂浓度太大，造成生理病。

子实体发育阶段要求空气相对湿度在90%左右，若在80%以下，就会出现上述情况，同时伴有子实体发育缓慢、干缩等现象。因此要勤喷水增加相对湿度，气温低时不可用大水浇灌。春天气温增高时，上午要用草帘遮阳，避免高温袭击；配料时，严格遵循平菇生长所需的碳氮比例，正确使用生长调节剂及其他微量元素。

48. 平菇出菇前，菌棒表面有时会形成一层膜状物，这是什么原因造成的？

平菇在出菇前或头茬菇采收后，覆土表面常常会由旺长的气生菌丝形成一层不透水、不透气的菌膜，影响后续出菇。这种菌膜会消耗大量养分，造成平菇减产，生产上必须加以预防。

（1）菌膜发生的原因有以下几种。

①袋栽平菇代料发菌不充分时便进行覆土，导致菌丝在地表进行第二次营养生长而形成菌膜。

②栽培料配方不合理，含氮量过高，碳氮比失调。

③盖土中氮素含量过高，或另外又添加了尿素。

④覆土土质黏重、板结。

⑤出菇期温度过高，温差小，或菇棚（室）通风不良，光线过暗，浇水过多，湿度过大等。

（2）预防菌膜发生的对策有以下几种。

①栽培袋菌丝要充分发透，当开始转入生殖生长时再进行覆土、出菇。发菌标准：手感菌袋轻、飘，外观菌袋褶皱袋中有黄褐色积水，或看到有小菇蕾发生。

②选用合理栽培料配方，并严格按照标准控制基质的碳氮比例。栽培料配方可根据栽培品种灵活掌握。

③选用老熟菜园土覆盖，以轻壤土为宜。可向土中加一些草木灰和复合微肥，一般不宜加入尿素。

④覆土后喷水要少、匀，以底部土壤湿润为度。加强菇棚（室）的管理，高温季节，晚间宜扩大通风，以拉大昼夜温差，及早形成菇蕾。

⑤一旦发生菌膜，可用铁丝钩连续多次划破菌膜，直到表面菌丝停止生长为止。同时加大温差和通风，控制喷水，适当增大光强。一般情况下，10～15天后即可正常出菇。

49. 多次采收平菇有何快速有效的办法？

平菇采收两茬以后，料面往往会出现严重干燥板结、透气透水性差、菌丝衰老无力等不良现象，从而延迟出菇时间，降低菇体产量，甚至不出菇。料面刮菌可以较好地解决这一问题，有很好的增产效果。

料面刮菌的方法是：对板结严重、菌皮过厚的料面，可全面薄薄地刮去一层衰老的菌皮。对轻微板结、菌皮较厚的料面，可用铁丝纵横划出许多小沟，至露出菌丝。畦床栽培中，可用竹扫帚在床面上来回扫动，直到刮破老菌皮，露出里面的菌丝。代料栽培中，可将两端的老菌丝刮去。通过刮菌，对原基分化有明显的刺激作用，可促进菌丝生长，一般7～10天后即有新菇蕾出现。

但需要注意的是，料面刮菌后要将刮下的老菌皮清除干净，以免产生杂菌。同时要将暴露的新料面按平，以利出菇整齐，此外，应等到菌丝恢复生长后再喷水。

50. 如何避免平菇连作障碍？

石灰水和草木灰对平菇连作生产中的防杂增产具有很好的效果：连作菇床杂菌多，所以播种前应先把菇床旧培养料清理干净，暴晒、消毒，用干净、干燥、无霉变的报纸（或其他纸）在5%的石灰水中浸一下，轻轻提起，垫满整个菇床。然后将培养料均匀倒入菇床，按常规播种。播后同样用报纸将整个培养料覆盖，最后覆膜盖草帘，保温保湿发菌，待菌丝发好，报纸上也是一片雪白的菌丝。当料面吐黄水珠时，用竹扫帚在料面上轻扫几下，轻喷水一次，几天后，原基形成，头茬菇转化率在80%以上。以棉籽壳为培养料时要巧用草木灰，在料中拌入5%的草木灰，可提高产量20%。因为草木灰可使培养料pH提高到7.5～8.0，又增加了钾肥，给菌丝生长创造了一个良好的环境。草木灰要求是干燥、无杂质、未遭雨淋的优质灰。如果料面出现杂菌污染，污染处可用2厘米厚的草木灰覆盖，覆盖面要大一些，料面仍可出菇。平菇采收第二茬后，可用6%的草木灰浸出液加0.5%尿素液喷洒床面，提高后期产量。草木灰对跳虫、菇蚊等害虫也有防治效果，使用方法是收完菇后，清理料面，停水通风3天，然后用大水冲洗料面，待水下浸流走后，在料面撒一层草木灰，使害虫无法生存。

51. 污染的栽培料可再种平菇吗？如何处理？

平菇栽培中，常因环境污染严重、菇房消毒不严、操作过程马虎、菌种老化等原因，造成接种后培养料受到杂菌感染，严重者全部报废。可采用以下方法进行处理以避免原材料的浪费。

（1）巴氏灭菌法。每100千克污染料用6～7千克石灰，4～5千克的25%多菌灵拌料，将污染料含水量调至65%。拌匀后，尽可能地把料堆高，用4厘米粗的木棒在堆上垂直打孔至底部，每隔30～40厘米打1孔洞，旋转拔出。打完后，覆膜发酵，待料温升至60～70℃时翻堆。复堆后，按前法再翻堆2次，然后散堆降温，接入生活力强的菌种，用种量为15%左右。

（2）常压灭菌法。先将污染料晒干，晒时用耙子耙动，共晒2～3天。按污染料100千克、石灰3 000克、多菌灵300克来配料，拌料后将含水量调至60%左右，装袋后在常压下灭菌10～12小时，再闷12小时，待冷却至常温后，接入适龄菌种。

接种后，培养室温度保持在15～20℃，菌丝能正常发育，35天左右即可满袋，40天出现菇蕾，再过4～5天即可收菇。发育时间比正常栽培料晚5～7天，可收2～3潮菇，生物效率达70%～80%。

（3）新方法。栽培平菇污染的废料，有的运到远离培养室的地方经雨淋、再晒干后又重新灭菌栽培。根据实践此法不妥，因为污染料被雨淋日晒后虽然杀死一部分杂菌，但培养料的营养物质却损失严重，往往使平菇产量不高。新改良的方法是把被污染的培养料，添加10%的麦麸或米糠、1%的过磷酸钙、1%的石膏、0.1%的尿素、2%的石灰、5%～8%的草木灰，拌料后将含水量调至65%左右，常压灭菌后进行接种栽培；或者用堆积发酵的方法灭菌、发酵后，用喷雾器喷多菌灵水溶液，充分搅拌后再装袋接种、培养；可保证产量不低于使用未污染的培养料，以上方法均收到了明显的效果。

52. 平菇栽培有哪些禁忌？

（1）忌空气湿度过大。发菌阶段空气相对湿度应保持在70%左右，出菇期间应保持在90%左右，如超过95%，便会通风不良，易发生杂菌虫害，菌盖也易变色腐烂。

（2）忌用水不当。出菇后如果喷水太多或大水浇泼，会使菇体上产生水渍状痕迹，易引起菇体溃烂变黑；如果基料湿度太小，则会造成菇盖皱缩、干裂甚至幼菇枯死。采取适量小水轻喷的方法，可以弥补基料中水分的不足。

（3）忌阳光直射。菌丝生长不需要阳光，而子实体阶段所需的光照度仅为正常看书时的光照度即可。如有阳光直射可使菇体表面干燥变黄；但光强过弱则易形成细柄和缺盖菇。

（4）忌通气不良。出菇阶段长期不换气，一旦缺氧，则不能形成子实体或形成畸形菇；若通风不合适，如干冷风、干热风直吹菇体，又会出现大量死菇，因此，通风要轻要稳。

（5）忌采收不及时。采收过早，菇体发育不良影响产量；采收过迟，不但品质下降，重量减轻，而且弹射出的孢子又会影响下茬菇的生长。一般在菌盖充分展开、孢子尚未弹射时采收较适宜。

（6）忌栽培环境不洁。菇房、菇场堆放杂物，消毒处理不彻底，随便乱扔污染料，会导致种菇失败。

（7）忌后期温度过高。平菇属于变温结实菇类，子实体发育温度为5～20℃，菌丝成熟后如采取大温差（昼夜温差10℃左右）培养的方式，可以加快子实体形成；如后期温度过高，则难形成菇蕾或形成的菇蕾大批死亡。

53. 平菇栽培时畸形菇有哪些症状？如何消除？

畸形菇主要有以下症状。

（1）菜花球状。子实体原基不断分化丛生，不形成菌盖，形似菜花球。

（2）珊瑚状。菌柄长、分叉、结构较松散，部分柄端分化成小菌盖，但不形成正常菌盖，子实体呈珊瑚状。

（3）高脚状。菌盖较小或呈喇叭状，菌柄长且粗。

上述畸形菇是栽培场地通气不良、二氧化碳浓度过高、光照不足造成的。针对以上原因及时改善栽培条件，畸形菇的形成是可以在后期消除的。

54. 平菇出菇期间怎样进行水分管理？

平菇出菇期间的水分管理可按下述原则进行。

（1）蕾期不喷，覆盖保湿。

（2）见柄酌喷，保持湿润。

（3）现盖少喷，轻喷细喷。

（4）盖大多喷，勤喷轻喷。

（5）采前少喷，利于贮运。

（6）自始至终，地面湿润。

（7）晴天多喷，阴雨少喷。

（8）采后停喷，偏干养菌。

55. 怎样防治平菇生产过程中的菌蝇（包括菌蛆）？

菌蝇在平菇、蘑菇栽培中最为常见。成虫是很小的蝇子，幼虫是蛆，白色或黄色，以幼虫危害菌丝和子实体。防治措施有以下几种。

（1）搞好环境卫生，菇房门、窗装纱窗，尽可能防止成虫飞进菇房。

（2）菇收完后，用敌敌畏喷洒杀虫。

（3）每平方米用除虫菊素1克，加草木灰撒在料面上，连撒2～3天，可达到良好效果。

（4）种菇前，菇房用磷化铝熏蒸，每立方米空间用磷化铝片 6～15 克，熏蒸 48 小时，能杀死菇房中的螨类、菌蝇、菌蚊、跳虫等害虫。磷化铝有毒，使用时施药人员应戴防毒口罩和乳胶手套。

56. 平菇生产中遇栽培袋中间出菇的情况该如何处理？

平菇生产中，平菇菌袋中间出菇的原因主要是装料不紧密、料与袋之间有空隙；工作中刺破菌袋；培养环境不适，如温差过大，空气相对湿度高等，均会促使菌袋中间产生子实体原基。如果出现小菇蕾，应用手在小菇蕾上用力地按几下，使菇蕾萎缩，促使菌袋两端出菇，便于管理。据试验，脱袋出菇与两端出菇的产量基本相同，但两端出菇的产菇品质好。

57. 怎样鉴别平菇菌种优劣？

（1）优质菌种的特征。

①从外表看，袋内菌丝全部呈棉絮白色、粗壮密集、分布均匀，没有杂色菌丝，前端整齐，呈扇形发展。

②菌丝分解过的棉籽壳培养料变成黄褐色，木屑培养料变成白色至淡黄色，吃料到底，有朽木香味。

③菌种有平菇的特殊芳香味，用手按培养基时有弹性；掰菌种时不易碎；刚刚形成少量桑葚状的小菌蕾，菌龄 25～40 天的为优良菌种。

（2）劣质菌种的特征。

①菌丝生长缓慢无力，不均匀、不向下蔓延，或菌丝虽长满袋，但袋上部菌丝退掉，只剩下褐色培养料。

②菌丝发黄，表面产生一层菌膜（菌被），生长缓慢，表明菌种已退化。

③菌丝长满袋后，稀疏或成束发育不匀，上部出现粗的线状菌丝索。

④菌袋内出现褐色液体，这是菌种老化的表现，虽然有时也能出菇，但产量很低且不易管理。凡是菌种内出现杂色斑点，暗白色、淡黄色的圆形或不规则形的颗粒状物，或不同菌丝的抑制线，都是感染了杂菌，应立即抛弃。

四、双孢蘑菇生产关键技术

58. 目前国内双孢蘑菇主栽品种有哪些？

目前国内的双孢蘑菇主要栽培品种有 W192、福蘑 38、As2796、W192‑39，以及国外引进的工厂化栽培品种 A15、901 等。根据目前国内的统计数据，我国双孢蘑菇工厂化栽培的比重约占全国总栽培面积的 5％左右，工厂化栽培中 25％～35％使用 W192 菌种。因此，目前国内双孢蘑菇主栽培品种的使用量依次为：W192＞福蘑 38＞As2796＞其他菌种，其中 W192 菌种使用量超过 50％。

20 世纪 90 年代初，福建省轻工业研究所蘑菇菌种研究推广站（现福建省农业科学院食用菌研究所）推出杂交菌株 As2796（又称闽 4 号）后，其菌种年使用面积超过 90％，该菌株在遗传上呈典型杂合态，兼具了亲本的高产和优质两大优点，子实体圆整厚实，菌柄粗短结实，菌盖质地硬实，可以生长到直径 10～12 厘米仍不开伞，比上一代菌种增产 20％以上。栽培适宜温度 16～22℃，不开伞的最高耐受温度为 24℃，比上一代菌种高温耐受增幅 2℃。对栽培基质的营养要求较高，出菇周期较长，潮次不明显，相对不适合工厂化栽培。该菌种被一直使用至今，比较适合常规的农法栽培模式。

福建省农业科学院食用菌研究所于 2010 年推出新一代的杂交品种 W192，其亲本为 As2796 和 02 菌株，该菌株在遗传上呈典型杂合态，兼具了亲本的高产和优质两大优点，子实体圆整厚实，质地略疏松于 As2796，菌柄粗细适中，较易采摘，常规栽培下比 As2796 增产 15％～20％以上。栽培适宜温度 16～20℃。对栽培基质的营养要求较高，每潮出菇时间比 As2796 缩短 1～2 天，出菇潮次明显，前

3 潮可采集约 80% 的产量，具有适应工厂化栽培和常规农法栽培的优点。

59. 我国自主选育的双孢蘑菇菌种与国外品种的主要区别有哪些？

我国自主选育的双孢蘑菇菌种主要选择亲缘关系较远，且具有优势互补的亲本进行同核不育单孢配对杂交，以恢复育性作为杂交子选择的标记，再经过多年严格认真的出菇评价筛选，获得具有优良性状的杂交菌株。福建省轻工业研究所蘑菇菌种研究推广站（现福建省农业科学院食用菌研究所）利用同核不育单孢配对杂交（8213×02），育出高产优质抗逆的蘑菇杂交新菌株 As2796、As4607 等。新生代的新菌株采用 As2796 的不育单孢与高产亲本 02 回交，加强杂交菌株的高产特性，筛选出高产优质的新菌株 W192。该品种表现为扭结能力强、产量高、出菇较整齐、产量较集中在前 4 潮，有兼顾工厂化栽培和常规栽培的双向优点。现在，国内科研工作者又通过双孢蘑菇可育单孢分离方法，从 W192 后代中优选出新菌株，进一步改良品种特性，筛选更适合工厂化栽培的国产专用型工厂化菌种。

国外（主要是欧美国家）双孢蘑菇品种主要以荷兰蘑菇育种家 Fritsche 于 1981 年育成的商品化杂交菌株 U1 与 U3 为亲本，通过不同育种方式进行选育，因此，后继选育的大部分杂交菌株要么与这两个杂交种相同，要么非常相似。这些品种在筛选评价过程中主要以适应工厂化栽培工艺条件为导向，因此所育出的新菌株主要适用于工厂化栽培模式，不适用于国内目前的常规农法栽培。且国外品种菌褶为外延型，而我国选育的品种菌褶为内延型。

60. 双孢蘑菇栽培种制作的关键技术有哪些？

双孢蘑菇栽培种的质量是高产优质的源头保证，目前双孢蘑菇栽培种主要以麦粒栽培种为主，极少部分为新型合成基质种，在此主要以如何获得优质麦粒栽培种介绍（彩图 4-1）。

（1）原材料的选择。选择优质、饱满、无破麦、无霉变、无异物和杂质的普通小麦粒为制作原料。

（2）泡麦或煮麦。泡麦指用水浸泡小麦，要求水量充足、水质符合生活饮用水标准，为了避免酸败，泡麦池中需要添加水量 2%～3% 的生石灰，泡麦的标准以麦粒饱满、不破口，内无白心为准。泡麦时间应根据水温情况结合泡麦的标准来决定。泡好的麦粒捞起后用清水冲洗后摊凉沥干，再铺撒调节酸碱度的辅料（石膏、轻质碳酸钙及其他辅料），充分搅拌均匀，装瓶（袋），有条件最好在上面盖一层过桥料。煮麦时锅中不添加生石灰，保持水分的充足，勤搅拌，避免锅底麦粒温度过高而导致烂麦。当锅中麦粒逐渐饱满呈透明质感时注意降低温度，经检查，麦粒内部无白心时即可捞出沥干。有专用煮麦池设备的厂家应该事先试验摸索总结一套定时定量煮麦工艺。不同批次或来源地不同的麦粒均需重复摸索煮麦工艺。

（3）灭菌。要求按照严格认真的高压灭菌程序进行操作，压力为 150 千帕，温度 127℃，维持 2～2.5 小时。当灭菌后菌瓶（袋）温度下降到 25℃后可以进行无菌接种、贴标签，标注菌种号和接种时间，然后置于 23～25℃恒温、空气洁净的环境中培养，每天早晚要通风换气 1 次。

（4）挑种检查。每间隔 5 天进行 1 遍菌种检查，及时挑去被杂菌污染的菌种，避免后期被蘑菇菌丝覆盖而造成栽培时的污染；并在标签上及时记录查菌时间。

（5）后熟与冷藏。当菌种满瓶，继续培养 5 天后是最优的出库时间。如果无法如期取种，可将菌种装箱（袋）后置于 8～10℃环境中保藏，不超过 30 天。

（6）运输。运输过程中要注意避免受到高温（＞32℃）或低温（＜1℃）的刺激与危害。

61. 如何操作双孢蘑菇覆土？

双孢蘑菇栽培过程中需要覆盖一层 4 厘米左右厚的土壤，俗称覆土。这层覆土起到的主要作用是为双孢蘑菇的原基扭结创造适宜的微环境条件，保持覆土层中双孢蘑菇菌丝的湿度，有利于培养料中的水份和营养向上传导，促进子实体苗壮成长。同时还要求覆土间保持良好的孔隙，保证蘑菇菌丝的氧气需求。因此，良好的覆土材料要求团粒结构好、持水能力强；同时，土壤内残留的有害微生物往往是造成双孢蘑菇病虫害的源头，即使消毒灭菌也很难被完全消杀，因此我们还要选择干净、无病虫害污染、无工业化污染的土壤。现在较优的覆土主要是用50%优质的草炭土与50%的山坡土进行充分搅拌混合，其次可选用稻田地抛去表层20厘米厚的表土后，土层以下约100厘米厚度以内的土壤，挖出绞碎，晒足晾干后贮藏备用。

62. 如何改善双孢蘑菇覆土的团粒结构？

为了保证双孢蘑菇优质与高产，良好的蘑菇覆土起到很重要的作用。良好的覆土材料要求团粒结构好、持水能力强、透气性好。目前公认的优质覆土材料就是优质草炭土，经加工后具有约80%的持水性能，保持良好的团粒孔隙，透气性能良好。但目前优质草炭土因资源有限、成本高，主要适用于双孢蘑菇工厂化栽培。而绝大部分常规农法栽培户仍然是就地取材，选购场地周边的土壤用作蘑菇覆土材料。因受到栽培区域周围土壤结构类型，以及政府对土壤挖取的管控等因素影响，许多购买来的土壤不适宜直接用作为覆土材料，需要进行调配加工，改善土壤的团粒结构。

首先，通过正规渠道购买选用土壤，其中稻田土优于黏性壤土，黏性壤土优于沙性壤土。稻田土因农田的保护现在已很难获取，山坡土大都为黏性壤土，其中呈致密块状的胶泥土应及时剔除，然后添加10%～15%的无霉变、无虫害的稻壳，或添加10%被粉碎为直径小于1.5厘米的蜂窝状细砖颗粒，加2%的生石灰粉，加适量水，用电动绞龙充分搅拌均匀，再经造粒机制成直径1.5～2.5厘米的颗粒。含水量至以食指和大拇指捏土粒，颗粒扁化不裂开，有一定弹性即可。也可添加20%的草炭土进行团粒结构调节。如果黏性土壤中含较多沙质，则覆土配比可调整为：20%的草炭土、59%的黏性土壤、20%的新鲜稻壳、1%的生石灰粉，进行充分混合，机械制作方式同上。人工制土则调节含水量至以土壤手捏成团，手松掷地土块微散的状态即可。也可以将含土蘑菇废料自然堆制成堆，2～3年后，摊开暴晒一周后与沙性壤土进行调配，各占50%比例。

63. 为什么很多资料对堆肥含氮量的要求差距较大？

很多菇农朋友会发现许多双孢蘑菇栽培技术资料或国内一些食用菌交流会上的讲座对双孢蘑菇培养料的含氮量要求具有一定差异，低的约为1.4%，高的也有到2.0%，二者看似仅有0.6%的差距，但从差幅比较却有43%的巨大差幅。我国在双孢蘑菇栽培基质的营养要求方面研究较少，主要采用欧美国家的技术资料。20世纪之前的营养要求指标通常是培养料在发酵前的总含氮量为1.4%～1.6%、C/N=（28～33）：1〔有标注（28～30）：1或（30～33）：1的差别〕，这种配方比较符合中国当时的人工堆料技术模式，一般1.4%的培养料经过一次发酵后含氮量上升至约1.7%，再经二次发酵后上升至1.9%～2.0%。随着双孢蘑菇工厂化栽培场在国内日益发展，堆肥发酵设施、设备和技术的不断引进消化，双孢蘑菇单产水平从农法栽培的10～15千克/米^2（6潮）逐渐上升到20～25千克/米^2（3潮），欧美模式高标准化菇场单产水平（3潮）甚至可达35～40千克/米^2，原有的含氮量水平无法满足这么高产量的营养需求，一些栽培场已经逐步将培养料未发酵前的含氮量指标上调到1.8%～1.9%，但保证二次发酵后的堆肥含氮量不超过2.5%，否则容易产生氨害和病害。

随着含氮量的调高，仅靠秸秆和粪肥很难达到合适的C/N值，部分含氮量依靠外援添加高氮肥料来实现，主要依靠尿素和硫酸铵。因此，现在又有国外学者将含氮量区分为含氮量和总含氮量，在这里的含氮量单指"秸秆＋粪肥"的含氮总量，而外援添加氮肥的含氮量不计算在内，这些氮量被称为"氨肥"，加入这些"氨肥"后的含氮量则称为总含氮量。而通常情况下，国内大部分资料中的含氮量是指包括了外援添加氮肥的含氮量总值。

64. 利用玉米芯为栽培主材料时应如何配比辅料？

我国北方每年有大量的玉米芯废料，在北方食用菌产业未发展起来时，玉米芯除少部分被用作工业原料制取糠醛或麦芽糖外，大部分被丢弃或作为燃料烧掉。但随着食用菌三大工厂化品种的迅速发展以及我国食用菌产业"南菇北移"，玉米芯作为主要栽培原料之一，近几年成为食用菌原料界的宠儿。利用玉米芯栽培双孢蘑菇也是近几年来在我国北方及西北地区兴起的新型代料栽培技术。

由于玉米芯的含氮量略高于稻草和麦草，含碳量又略低于稻草和麦草，则其 C/N 值低于稻草和麦草。玉米芯的中间髓部疏松，外表皮致密硬实，吸水性差。如果整根用于发酵，往往造成中心部发酵过头而外表层干硬发酵差等现象。因此，玉米芯用作双孢蘑菇栽培原材料前最好进行充分的碾压粉碎，颗粒直径以 2～3 厘米较为适宜。如果以 100 米^2 栽培面积，投料量为 40 千克/米^2 计算（不含辅料），则建议合适的配方为：玉米芯 2 200 千克，麦草短段 400 千克，牛粪 1 400 千克，尿素 50 千克，石膏 60 千克，轻质碳酸钙 40 千克，过磷酸钙 20 千克，生石灰 100 千克。

65. 为什么要进行一次发酵？过程中应注意哪些关键细节？

一次发酵又称前发酵，其目的是：①将原材料充分预湿，混合均匀；②建堆并利用料堆内来源于秸秆、粪肥和空间中已大量存在的自然微生物的繁衍生长起到发酵作用，产生 60～80℃ 的高温，软化麦稻秸秆，积累有益微生物菌体；③降解有机物并合成高分子营养物质-腐殖质复合体；④通过翻堆堆制成混合均匀的堆料。

一次发酵的主要操作规程包括预湿→预堆→建堆→翻堆（3～4 次），操作的方式主要有人工建堆、翻堆方式，专业机械化建堆、翻堆方式和隧道式一次发酵方式。

一次发酵的关键点首先要求所有原材料要预湿彻底，草料和粪肥要混合均匀。常规农法栽培场通常在露天场地建堆发酵，要留意天气预报，遇气温骤降应提前做好保温措施，防止培养料在低温环境下大量损耗；下雨天要遮盖塑料薄膜，防止堆肥含水量过高，温度骤降。堆高和堆宽最好分别达到 1.8 米和 1.6 米以上。人工翻堆时要注意将料堆的上、下、里、外、生料和熟料相对调位，把粪草充分抖松，干湿拌和均匀，各种辅助材料按程序均匀加入。翻堆机翻堆或铲车翻堆时均应事先计算需要添加的辅助材料数量，并在翻堆过程中均匀添加（彩图 4-2）。隧道式一次发酵要配备专用的摆头进料机，同时在发酵过程中注意风机配给新风的频率和强度，保证温度上升的平滑趋势。

66. 二次发酵过程中应注意哪些关键细节？

二次发酵又称为后发酵，其发酵目的为：①通过巴氏消毒杀灭残留在未能完全腐熟堆料中的有害生物体；②为堆料中有益微生物菌群〔高温细菌（最适温度50～60℃）、放线菌（50～55℃）、丝状真菌（45～53℃）〕创造适宜繁衍的营养条件和环境条件，不断繁衍发酵并积累适合于蘑菇菌丝利用的选择性营养堆肥。

为了达到良好的发酵效果，整个二次发酵过程必须在密闭的栽培室或特制的容器设施内，严格地控制新鲜空气的供给及温度走势，整个过程分为温度平衡、巴氏消毒、控温发酵、降温冷却4个阶段。现代化隧道式二次发酵应配备较先进的通风和温度控制系统，比较容易进行程序化控制。因此，在此主要列举常规农法栽培条件下的菇房内二次发酵操作的关键细节。

（1）发酵前必须检查菇房，菇房不得漏气。单位投料量低于35千克/米^{2}的菇房，将一次发酵后的堆料集中堆放在中间三层床架上，厚度以填充满中间料层为准，堆放时要求料疏松，厚薄均匀。投料量较多的菇房，进料时应分层定量填充，发酵好后就可直接进行整床播种。

（2）采用蒸汽发生器的，炉灶距离菇房不得少于2米，简易菇房靠炉灶一侧的草帘或塑料薄膜需泼水，禁止在菇房四周抽烟，以防火灾。

（3）发酵期间，人不得进入菇房。测温可事先在菇房内放置探针式导线温度计，在室外读取数据，准确并及时做好记录。

（4）巴氏消毒的记录时间以菇房上下两点料中心温度均达到60℃后起，维持8小时后开始褪火，逐渐降温，要求12小时内两点料中心温度逐渐降至52℃，维持4～5天时间。

（5）控温培养期间，每天通风1～2次，每次通风数分钟，以不使菇房内的气温降温超过5℃为宜，补充菇房内的新鲜空气。当控温时间到了，准备降温之前，应对菇房内的气味进行嗅闻，采用将门开一小口，用手将溢出的蒸汽扇至自己鼻腔口附近，鼻闻是否还含有氨味。若培养料仍有轻微氨味，须继续培养 1 天至氨味消失。

67. 发酵新工艺"三次发酵"是什么？

所谓双孢蘑菇堆肥发酵的"三次发酵"是一种概念的偷换，其实质是双孢蘑菇发酵好的培养料在播种后的菌种萌发、定殖和生长培养过程，在生物学范畴属于固体发酵。欧美国家通常将双孢蘑菇菌丝生长阶段称为第三次培养，在国内翻译后形成了"三次发酵"的概念。不过，这里的菌种萌发、定殖和生长培养过程不是在菇房的菌床内进行，而是在类似二次发酵隧道的密闭容器内进行，通常可以使用二次发酵的隧道，但该"三次发酵"过程对通风系统和空调系统设备的质量要求显著提高，以保证培养料中菌丝生长过程的洁净无菌（指无其他杂菌）和适宜的温度、湿度。

在专用的隧道内进行三次发酵，一方面可显著提高菇房周转率，每间菇房每周期可节约 13～15 天时间，一年则可以增加 2 个栽培周期；另一方面，在菌丝培养过程中整个料堆各部位温度基本一致，菌丝生长势强，避免了菇房内菌床压实后在料床内部可能出现的高温威胁，可减少 10％干物质损坏；最后在装床填料时又可以增加单位面积的投料量，促进单产提升 5～10 千克/米^2。

68. 为什么二次发酵强调巴氏消毒的温度是 60℃左右？

20 世纪美国生物学家兰伯特从蘑菇料堆的不同温度区分别取一些堆肥进行蘑菇菌种播种栽培，发现 50～55℃区域内堆肥栽培效果最好，并且发现其他区的劣质堆肥再重新放在较适宜的 50～55℃区内发酵，可以继续改进质量。于是，他尝试把经过发酵后的料置于温度保持在 50～55℃的专门房间内 2～3 天，发现能够明显改良堆肥质量，减少病虫害发生，显著提高单产。兰伯特的发现不仅很好地解释了翻堆的原理，而且创造了二次发酵的最初模型，这种处理方式被称为"控温发酵"。在随后的研究过程中，生物学家们在对双孢蘑菇害虫防治过程中发现 60℃的温度可以在几个小时内迅速杀灭线虫、螨类的成虫及卵；进一步的研究又发现这个温度也能够迅速杀灭堆料内的众多危害双孢蘑菇生长的有害病原菌及其孢子，但是杀灭时间有差异，最长的为 6 小时（表 1）。考虑到菇房内部不同区域，温度也存在一定差距，逐渐总结形成一项用于杀灭病原菌和害虫及卵的"巴氏消毒"控制指标，即料温 60～62℃维持 8 天。

表 1   消灭双孢蘑菇不同致病生物体所需的温度和时间

生物体	55℃温度维持时数（小时）	60℃温度维持时数（小时）
白色石膏霉	4	2
湿泡病菌（疣孢霉）	4	2
干泡病菌（轮枝孢霉）	4	2
蛛网霉（轮指孢霉）	4	2
假单孢杆菌	2	1
线虫	5	3
蝇类、瘿蚊类的幼虫	5	3
螨类	5	3
唇红霉（地霉）	16	6
橄榄绿霉	16	6
黄色金孢霉（黄霉）	10	2
褐色石膏霉（丝葚霉）	16	4
绿霉（木霉）	16	6
胡桃肉状菌（假块菌）	6	3

69. 优质的二次发酵料标准是什么？营养指标是什么？

优质的二次发酵料是双孢蘑菇获得高产优质的基础保证。那么如何判断二次发酵料是否优质？

鉴于双孢蘑菇二次发酵的最终目的就是为堆料中有益微生物菌群（高温细菌、放线菌、丝状真菌等）创造适宜繁衍的营养条件和环境条件，让微生物菌群不断繁衍发酵并积累适合于蘑菇菌丝利用的选择性营养堆肥。因此，经过良好二次发酵后的培养料（秸秆）首先表面上会生长很多浓密的微生物白色或灰白色菌丝体。因此双孢蘑菇堆肥经二次发酵后，开启房门或隧道门时，首先映入眼帘的是所有培养料表面呈一片白色或灰白色，用手一搓秸秆表面，培养料颜色介于褐棕色与黑褐色之间，腐熟均匀，富有弹性，禾秆类轻拉即断；其次是抓起一把培养料至鼻前，深闻培养料的味道，无较明显的刺激性氨味和其他臭味、异味，具有浓厚的、令人舒适的料香味，这些均是优质二次发酵料的感官指标。

优质的二次发酵料的营养指标主要如下：经检测含氮量 1.9%～2.0%（常规栽培模式，工厂化栽培可达 2.4%左右），培养料碳氮比 C：N=(17～18)：1，含水量 65%～68%，氨含量 0.04%以下，pH 7.5～8.0。

70. 双孢蘑菇栽培过程中菇房内空间湿度如何管理？

双孢蘑菇栽培过程中菇房内空间湿度的合理管控与提高双孢蘑菇的产量和品质密切相关，非常重要。

首先，在双孢蘑菇培养料播种后，最好在料面覆盖厚度 0.01 厘米的塑料薄膜或薄的无纺布用于保持菌床料面的湿度。期间保持菇房空间湿度维持在 70%左右，大约 3 天后可以将菌床的薄膜或无纺布揭起透气，后继续覆盖，维持 3～4 天后再将薄膜或无纺布揭去；然后维持空间湿度在 75%～80%。

其次，在覆土后，可维持菇房内空间湿度在 80%～85%。但喷撒出菇水后，可将菇房内空间湿度上调至 85%～90%。当菌床表面原基扭结长大到花生米大小后，可将菇房内部空间湿度上调至 90%～95%，一直维持到当潮菇采摘结束。

最后，保持菇床表面卫生，加强通风，调高料温 2℃，将菇房内空间湿度下调至 80%～85%，维持约 3 天时间，后开始第二潮的出菇管理。

71. 双孢蘑菇栽培过程中菌床水分如何管理？

双孢蘑菇栽培过程中，菌床表面覆土层含水量的合理管控与提高双孢蘑菇的产量和品质密切相关，非常重要。

当蘑菇菌床上的菌丝走满后，需要立即进行覆土操作，诱导菌床菌丝爬土上行，达到在菌床土面上出菇的目的。在农法栽培模式中，由于走菌期间的长期通风，菌床料面失水较多，比较干燥，这时要在覆土前两天给菌床料面补水，以促进菌床表面培养料恢复合适的含水量，已经处于半休眠状态的蘑菇菌丝也恢复生长；每天给床面喷雾状水 2 次，每次喷施量为 0.5 千克/米²，可结合合理剂量的杀虫剂和杀菌剂喷施，喷后注意通风，具体喷水次数还要结合菌床料面的情况具体分析。工厂化栽培厂的保温控湿和空气净化条件较好，喷水的次数和剂量相对缩减，可不喷施杀虫剂和杀菌剂。当覆土层覆盖好后，可结合床面覆土的含水量情况酌情补水，覆土含水量已经一次性调节到位的可不用补水。菌丝爬土约 10 天后可进行搔菌，再间隔 3～4 天喷施出菇水，通常喷施量为 3.0～3.5 千克/米²，根据覆土的持水性能单次或多次喷施，喷施的标准是不能出现漏床现象。当菌床大部分原基长成花生米大小时，喷施保质水，喷施量为 3.0～3.5 千克/米²，以保证双孢蘑菇成长过程中的土层水分蒸发，维持土层水分的湿润，根据覆土的持水性能单次或多次喷施。农法栽培宜采用直接通风，空间湿度容易下降较多，可以每天在采菇后喷施一遍空间维持水，喷施量约为 0.3 千克/米²，以游走方式喷施于走道和菌床空间。

一潮菇采完后，及时整理菇床表面卫生，加强通风，调高料温 2℃，将菇房内部空间湿度下调至 80％～85％，维持约 3 天时间进行养菌。随后降低室温 2℃，给菌床喷施转潮水，喷施量为 3.5～4.0 千克/米²，可根据上潮菇产量适当调节喷水量，菇多多喷、菇少少喷，根据覆土的持水性能单次或多次喷施。

72. 双孢蘑菇栽培过程中菇房内温度与通风操作如何协调管理？

目前我国双孢蘑菇栽培主要分工厂化智控栽培和农法常规栽培两大类，其中工厂化智控栽培的面积占有量不超过 10％，且拥有系统的增温、降温和通风控制系统，可以比较精准地控制菇房内的温湿度指标，在此不再描述。仅以农法常规栽培模式为主要阐述对象。

目前我国农法常规栽培模式的菇房以多层（5～8 层）床架式自然季节条件栽培为主，北方的保温大棚为辅。这样的菇房内部温度与通风控制方法息息相关，温度作为双孢蘑菇栽培过程中的第一控制要素，其在走菌阶段要求料温适宜范围为 18～28℃，出菇料温控制在 15～22℃，出菇气温与料温的温差不超过 5℃，否则不容易控制子实体的质量。

由于菇房的子实体生长必须补充新鲜的空气，否则二氧化碳浓度的增加会影响蘑菇的产量和质量，因此通风也是必需的，但通风又必然带动菇房内温度的大幅波动，影响蘑菇的正常生长。因此，栽培管理者要注意把控以下几个关键点。

（1）气温适宜的雨天气候可以在白天全天候加强通风。

（2）气温较高的天气应在凌晨或夜间进行通风，通风频率通常控制为 1 小时/次，早晚各 1 次。外界气温越高，通风窗口相应减少，避免造成短时室内气温波动较大。

（3）气温较低的天气应在午间进行通风，通风频率通常控制为（1～2）小时/次。

（4）"不打关门水"，菇房喷水后要及时通风 0.5 小时以上，喷水要结合气候条件在菇房通风前喷施。

（5）外界风速较大，通风窗口开启 50%，并适当缩短通风时间。

（6）北方大棚地栽模式如果温度偏低，可以在栽培畦床上加装塑料拱棚，有利于提高棚内小环境温度。

73. 哪些农药可以在双孢蘑菇栽培过程中使用？

双孢蘑菇农法栽培过程中，不可避免会受到来源于原料、空气、覆土、水及人工接触后的病原菌、害虫及卵等引发的病虫害影响，对生产危害极大，甚至导致绝收。因此，栽培者首先是进行合理的物理防治，其后才施用农药进行喷施防治，这一过程可能会因农药选用或施用不当造成产品的农残污染。

目前我国针对双孢蘑菇登记使用的农药品种非常少，如米鲜胺锰盐可湿性粉剂和甲氨基阿维菌素盐等，远达不到我国目前的双孢蘑菇生产栽培的需求。当然，双孢蘑菇作为一种食品，其农残的要求首先要符合我国最新的食品安全国家标准《食品安全国家标准　食品中农药最大残留限量》（GB 2763—2019）规定中涉及食用菌食品中允许的农药品种及残留限量（表2）。

表2　GB 2763—2019规定涉及食用菌食品允许的农药品种及残留限量

农药名称	最大残留限量（毫克/千克）
杀虫剂类：	
2,4-滴和2,4-滴盐	0.1　蘑菇类（鲜）
溴氰菊酯	0.2　蘑菇类（鲜）
氟氯氰菊酯和高效氟氯氰菊酯	0.3　蘑菇类（鲜）
双甲脒	0.5　蘑菇类（鲜）
氟氰戊菊酯	0.2　蘑菇类（鲜）
甲氨基阿维菌素苯甲酸盐	0.05　蘑菇类（鲜）
乐果	0.5*　蘑菇类（鲜）
氯氟氰菊酯和高效氯氟氰菊酯	0.5　蘑菇类（鲜）
氯氰菊酯和高效氯氰菊酯	0.5　蘑菇类（鲜）
马拉硫磷	0.5　蘑菇类（鲜）
氰戊菊酯和S-氰戊菊酯	0.2　蘑菇类（鲜）
杀菌剂类：	
咪鲜胺和咪鲜胺锰盐	2　蘑菇类（鲜）
五氯硝基苯	0.1　蘑菇类（鲜）
百菌清	5　蘑菇类（鲜）
代森锰锌	5　蘑菇类（鲜）
腐霉利	5　蘑菇类（鲜）

＊ 临时用量。

74. 双孢蘑菇疣孢霉病如何识别及预防控制？

（1）发生特点。疣孢霉属半知菌亚门、丛梗孢目、丛梗孢科、疣孢霉属。疣孢霉是土壤真菌，普遍存在于各地的土壤中。疣孢霉无性孢子只侵染蘑菇子实体，目前尚未发现它对蘑菇菌丝有寄生、抗生等干扰生长的作用。双孢蘑菇疣孢霉病的初侵染源主要是覆土中的疣孢霉厚垣孢子，该厚垣孢子的抗逆性很强，在土壤中可存活一年以上。

旧菇房栽培床架及周围环境中存在的疣孢霉孢子也可成为初侵染源。疣孢霉厚垣孢子在土壤中很少萌发，当受到周围蘑菇菌丝生长的刺激时才萌发，萌发的菌丝可侵染蘑菇子实体。随意乱丢病菇，会增加土壤中疣孢霉孢子数，若覆土消毒不严，常导致疣孢霉病大发生。疣孢霉病的次侵染源（重复感染源）是菇床上的病菇。病菇上的疣孢霉孢子在喷水期间向四周传播，人、昆虫、螨类、气流等也可传播。高温、高湿环境条件有利于疣孢霉病发生。当菇房温度连续几天高于20℃，空气不流通，相对湿度在90％以上时，容易发生疣孢霉病；温度低于10℃时，很少发生。分生孢子梗呈轮枝分枝，顶端单生分生孢子。

（2）危害症状。蘑菇从开始感染疣孢霉到发病约需 10 天，比正常出菇要早 4～5 天。若蘑菇子实体未分化时被感染，则分化受阻，形成马勃状组织块等畸形菇，表面长出白色绒毛状菌丝。这种组织块逐渐变褐，并渗出暗褐色汁液。在子实体菌柄和菌盖分化后感病，菌柄变褐，基部长出绒毛状病菌菌丝。若子实体发育末期被感染，则感染部位会出现角状淡褐色斑点，但看不到病菌菌丝。受轻度感染时，菌柄肿大呈泡状或出现褐色斑点。病菇久留菇床，都会变褐、软腐、发臭（彩图 4 - 3）。

（3）防治措施。

①消毒覆土是控制疣孢霉病发生的关键措施。覆土应取用栽培区水源上游的田土或山坡土。

②菇房位置应远离污染源。菇房消毒可利用培养料在菇房内进行二次发酵巴氏消毒。否则，应按每立方米用 10 毫升甲醛、2 克高锰酸钾的配比量熏蒸菇房 12 小时。

③蘑菇覆土之后至出菇期间，在菇床面上均匀喷洒无公害杀菌剂药液可有效防止疣孢霉病发生。常用的杀菌剂有 50％咪鲜胺锰盐3 000 倍液，喷施剂量为 0.5 千克/米²。

④发病菇床处理。大面积发生疣孢霉病时，应立即停止喷水，挖掉菇床上的病菇及疣孢霉菌丝块，摘除的病菇及时火烧处理掉，通风2～3 天，待菇床表面干燥，再使用上述浓度的无公害农药喷湿喷匀表层覆土，周围环境也要均匀喷雾，这样再喷水之后，仍可正常出菇。

75. 双孢蘑菇斑点病如何识别及预防控制？

（1）发生特点。双孢蘑菇斑点病又称细菌性斑点病，其病原菌主要是托兰氏假单胞杆菌。该病原菌在自然界中分布很广，土壤、空气中都有存活，在高温高湿条件下几小时就能感染菇体，并产生病斑。空气、菇蚊、菇蝇、水源、工作人员也可传播。

（2）危害症状。该病发病局限于蘑菇菌盖上，初期在菌盖上出现1～2处小的黄色变色点，而后逐渐变成暗褐色凹陷的斑点。当斑点干后，菌盖开裂，形成不对称子实体，菌柄上偶尔也发生纵向的凹斑，菌褶很少感染。菌肉变色部分一般很浅，很少超过皮下3毫米。有时蘑菇采收后才出现病斑，特别是蘑菇置于高温条件下，水分在菇盖表面凝结时，更易发生此病。蘑菇子实体感染该病后，品相很差，销售困难，造成经济严重损失（彩图4-4）。

（3）防治措施。

①减少温度波动。高温时，空气相对湿度控制不超过90%。

②加强通风，保持菇表面不积水、土面不过湿，菇房内喷水后要加强通风，切忌打"关门水"。

③发病时在菇床及周围环境喷施3%浓度的石灰清水或1 000倍漂白粉，或农用链霉素1 000～1 500倍液。

76. 双孢蘑菇蒲螨暴发该如何灭杀和预防？

螨虫是蘑菇菌种生产和栽培过程中危害最大的微小蛛形类害虫，又称菌虱，其繁殖能力极强。过去由于对螨类研究不够，通常把菇床上的螨类统视为害螨，实际上，菇床上的螨虫有的是有益的，有的是无害的或间接危害的，有的是直接危害蘑菇菌丝体和子实体。在双孢蘑菇栽培过程中较常发生的危害性螨类为一种粉红色螨虫，又叫蒲螨或红辣椒螨，这是一种不食杂菌，只危害蘑菇菌丝的害螨。

（1）危害症状。蒲螨个体很小，肉眼基本看不见，当我们可以看见时已经呈虫害暴发状态。蒲螨发生速度很快，最初常常因培养料发酵不合格或菇房消杀不彻底，或环境卫生条件差造成螨虫在培养料中潜伏并迅速繁殖生长，也可能通过风媒、蚊蝇携带，人员进出携带进入菇房。当菇床料中的蒲螨繁殖到一定密度时，常常会在高温天气集体爬上菇床表面，集聚在土块上、蘑菇子实体的菇盖顶部（彩图4-5）和菇脚根部，呈粉红色土粉状，拿起病菇，抖一抖，蒲螨群会像粉尘一样洒落。蒲螨大量繁殖后，主要会咬食培养料和覆土层中的菌丝，切断蘑菇生长的营养通道，造成子实体品质下降或小菇蕾大面积死亡。

（2）防治措施。

①把好菌种质量关。

②搞好菇房及栽培场地内外的清洁卫生，在菇房门口撒播生石灰。

③进行堆肥二次发酵，杀灭虫卵。

④尽可能不用杀螨剂，采用糖醋液湿布法诱杀或用毒饵诱杀（醋：糖：敌敌畏：炒焦黄的米糠或麸皮＝1：5：10：48，撒于四周诱杀）。

⑤如果害螨严重危害时，可先喷1%～2%红糖水于菇床表面，诱虫爬上床面，用甲氨基阿维菌素苯甲酸盐乳油（1.0%）2 000倍液，也可用溴氰菊酯1 000倍液喷雾防治。

⑥也可在出菇前或发病转潮期间用磷化铝进行熏蒸，该药剂为剧毒，注意人身安全，慎用。

77. 如何防治双孢蘑菇栽培过程中的蚊蝇危害？

双孢蘑菇在农法栽培过程中普遍会发生蚊蝇危害。这些蚊蝇主要是来源于栽培场内部和周边环境中，危害菌床上的菌丝和蘑菇子实体，造成不同程度的损失。

菇蚊的种类包括嗜菇瘿蚊、闽菇迟眼蕈蚊等。它们在分类学上有差异，但在菇农眼中基本相同，因此被菇农们统称为菇蚊。

（1）危害特征。这些菇蚊的卵主要隐藏于栽培场内或周边的土壤中，当适宜季节来临时，就会羽化成虫寻味飞入菇房中，在未播种的堆肥或发酵不好的堆肥中产卵，最早的菇蚊在蘑菇菌丝长满堆肥前，其幼虫就孵化成蛆，并以蘑菇菌丝为食。当第一批子实体成长前，虫体还会钻入原基或子实体菇柄，继续往上钻进菇盖，菇体被蛀得千疮百孔，子实体被污染成褐色，失去商品价值。随后，蛆虫化蛹，紧接着羽化成虫，在菇房内继续以双孢蘑菇子实体汁液为食，同时携带大量的细菌、真菌和螨虫，到处传播。成虫性成熟交配后几乎都在覆土上产卵，新一代幼虫爆发时对蘑菇菌床造成巨大的危害。

常见的菇蚊，其幼虫蛆体为白色透明状，长度略有差异，有些虫口部为黑色，俗称"黑头虫"，而瘿蚊的幼虫蛆体大多为橙黄色，量多时常聚集在双孢蘑菇子实体的菇脚或菌柄与菌褶相连部位，有些在菇盖上蠕动。

（2）防治措施。由于发生菇蚊（蝇）通常是在出菇阶段，故杀虫剂的选择必须谨慎，最好进行生态综合防治：①首先要做好菇房内外的环境卫生，栽培场周围200米内不要杂草丛生，菇房外的排水沟保持流水通畅、不积死水，菇房门窗用40目纱网封牢，防止成虫飞入；②培养料必须进行严格的二次发酵巴氏消毒处理，杀死料中藏匿的幼虫及虫卵；③播种期菇房进行严格的消杀，播种后，不论室内有虫没虫，菇房内必须悬挂粘虫板和灭蚊灯，把一些外部进入的"漏网之虫"及时灭杀；④菌床发现虫害时，要在无菇期用敌敌畏200倍液或甲氨基阿维菌素2 000倍液或溴氰菊酯1 000倍液弥漫式喷雾灭杀。

五、毛木耳（含玉木耳）生产关键技术

78. 代料栽培毛木耳需求的营养物质是什么？

毛木耳是我国食用菌产业发展的主要品种之一，目前毛木耳生产采用以农林业副产物等原料代替段木的代料栽培技术。

毛木耳是一种木生腐生真菌，自然界中生长在多种阔叶树树干上或腐木上。毛木耳菌丝分解能力较强，可分解木质素、纤维素、葡萄糖等以获得生长发育的碳素营养。因此，除了具有芳香性的松、杉、樟木屑外，所有阔叶树种的木屑、棉籽壳、玉米芯、大豆秸秆、高粱壳、甘蔗渣等农林副业下脚料都是毛木耳生长发育的良好碳源。

氮素是在毛木耳生长发育中合成蛋白质和核酸的重要物质，在生产上，常用麦麸、玉米粉和米糠等作为氮源添加在碳素营养物质中，补充氮元素。

矿物质和维生素也是毛木耳生长发育必需的营养物质，生产中在培养料中加入少量磷酸二氢钾、石膏、碳酸钙、石灰等，以补充钙、镁、磷、硫矿质元素；麦麸和米糠可提供丰富的维生素 B_1、维生素 B_2 等，利于毛木耳生长发育。

水是毛木耳维持生命活动的基本条件，毛木耳生长要求培养料含水量 $60\% \sim 65\%$。培养料的含水量高于 65% 时，毛木耳菌丝生长因供氧不足而缓慢；低于 55% 时，毛木耳出耳因供水不足而减产。

培养料的酸碱度会影响毛木耳菌丝的生长。毛木耳喜欢在微酸的环境中生长，菌丝适宜生长的 pH 范围是 $5 \sim 7$。

79. 代料栽培毛木耳需求的外界环境条件是什么？

（1）温度。毛木耳是中高温型真菌，恒温结实型菌类，不同生长发育阶段所需温度不同，菌丝生长对温度的适应范围较广，菌丝体生长的温度范围为 15～37℃，以 25～30℃适宜，子实体生长发育的温度范围为 18～32℃，适温 24～28℃。适宜温度下培育出来的木耳产量高，质量好；温度超过 30℃，生长快、耳片薄、色红而毛稀；温度低于 15℃，耳基形成及分化均十分迟缓。

（2）空气湿度。毛木耳菌丝体生长阶段主要利用培养基内的水分，菌丝培养基质的含水量以 60％左右为宜。培养室空气相对湿度在 70％时，培养料的含水量可以保持恒定；低于 60％时，空气干燥，培养料水分易蒸发；高于 70％时培养室内较潮湿，易引起杂菌污染。子实体生长形成时期对栽培场空气湿度的要求较高，以 85％～95％为宜，空气湿度低于 80％，毛木耳生长缓慢或停止生长。

（3）光线。毛木耳菌丝体生长阶段不需要光线，黑暗条件有利于菌丝生长。如光线过强，菌丝容易从营养生长转为生殖生长，聚集成黄褐色胶状物。但毛木耳子实体在完全黑暗的条件下不生长。在子实体生长阶段，适当增加光照度 40～200 勒克斯有利于原基的形成；同时不宜过强，光线太强，耳片背面绒毛不白；光线太暗，则耳片正面不黑。

（4）空气。毛木耳是好气性真菌，在菌丝体生长阶段和子实体生长阶段，保持新鲜空气，是毛木耳正常生长发育的重要条件。二氧化碳浓度过高会影响毛木耳的呼吸活动，出现畸形耳片或不开片，因此，培养室和耳棚均应有通风良好条件，利于气体交换和空气对流。

80. 栽培毛木耳需要怎样的生产场所？

毛木耳生产应选择地势高、通风向阳、平坦开阔的空旷场地。要求场所给排水方便，通风良好，交通便利，无污染源。

毛木耳生产场所分为栽培袋制作场所和耳场管理场所两大部分。栽培袋制作场所主要有堆料场、辅料仓库、打包场所、灭菌场所、冷却场所、接种场所、菌种场所。耳场管理场所主要有菌袋培养场所、出耳场所、洗耳场所、晒耳场所。

建设毛木耳生产场所应注意耳场分区与布局。堆料场与仓库设置在便于车辆进出的位置，处在下风口。制袋区有遮雨大棚，取料快捷方便。灭菌场所紧靠制袋区，设有配套的附属建筑。接种场所应在上风口，紧靠灭菌场所。区内可划出部分区域作为冷却场所，并留有相对较大的运转空地。

耳棚是毛木耳生产出耳的场所。耳棚建筑应具有保温、保湿、耐用、隔热效果好等特点，耳棚搭建所用材料均应无毒、无害、无挥发性刺激成份，应符合国家的相关卫生安全标准。耳棚以钢架结构或竹木为构架，塑料薄膜、遮阳网、茅草为覆盖物。耳棚宽9米，长20～30米，棚顶高4米，拱两边高3米，耳棚顶覆盖物有3层，内层为塑料薄膜，中层为再生毛毯或茅草，盖一层塑料薄膜，外层为遮阳网；耳棚四周外层用遮阳网，内层用塑料薄膜。为了增强耳棚通风换气性能，保证热量及时散发，耳棚在走道顶部每隔3米开一个50厘米×50厘米能开盖的通气窗。根据棚室宽度和长度，在耳棚内设若干个立柱。

81. 代料栽培毛木耳生产季节如何安排？

毛木耳是属中偏高温型菌类，出耳适宜温度18～28℃，一个生产栽培周期6个月左右。根据商品质量不同，分为黄背木耳和白背木耳两类。黄背木耳适宜在春、夏季栽培，白背木耳适宜在春、秋季栽培，春季栽培一般安排在2月下旬制袋，秋季栽培可安排在8月上旬制袋，9月开始采收，至翌年3月。各地栽培者可根据当地气候条件，调整生产时间，将出耳期安排在温度最适宜出耳的时期，从而推算出适宜的制种与生产栽培的时期。以下列举了我国不同省份的生产季节安排。

①四川省生产季节安排：黄背木耳菌袋生产期为11月至翌年3月；出耳采收为翌年4月下旬至10月。

②河南省生产季节安排：黄背木耳菌袋生产期为2—3月；出耳采收期为6—8月。白背木耳菌袋生产期为12月至翌年1月；出耳采收期为翌年5—7月。

③福建省生产季节安排：白背木耳菌袋生产期为8—10月，适宜时期为9月中旬前后；出耳收获期为12月至翌年3月中旬。

82. 代料栽培毛木耳怎样进行原料的配制？

毛木耳栽培使用的原料可分为主料和辅料，主料选用阔叶树木屑、玉米芯、棉籽壳、甘蔗渣等，具体选择栽培主原料可根据当地的资源条件来确定；辅料采用麦麸、米糠、轻质碳酸钙、石膏、石灰等；在毛木耳生产中培养基质使用的原辅材料应符合标准《无公害食品食用菌栽培基质安全技术要求》（NY 5099—2002），要求新鲜、干燥、无虫、无霉变；栽培毛木耳应使用符合《生活饮用水卫生标准》（GB 5749—2006）的水源。

毛木耳生产实践证明，在原材料的配制上采用多种原料混合培养，比单一原料更有利于毛木耳的生长和产量。以下列出几种常用毛木耳栽培配方，供参考。

（1）黄背毛木耳配方。

①阔叶树杂木屑40%、棉籽壳36%、麦麸20%、石膏1%、石灰3%。

②阔叶树杂木屑30%、棉籽壳28%、玉米芯28%、米糠10%、石膏1%、石灰3%。

③玉米芯46%、阔叶树杂木屑40%、麦麸10%、石膏1%、石灰3%。

④棉籽壳20%、高粱壳30%、阔叶树木屑30%、麦麸10%、玉米粉5%、石膏1%、过磷酸钙1%、石灰3%。

⑤棉籽壳43%、玉米芯43%、麸皮7%、玉米粉3%、石灰粉3%、石膏粉1%。

（2）白背毛木耳配方。

①阔叶树杂木屑85%、麦麸12%、轻质碳酸钙2%、石灰1%。

②阔叶树杂木屑74%、甘蔗渣10%、麦麸13%、轻质碳酸钙2%、石灰1%。

③阔叶树杂木屑80%、米糠12%、玉米粉5%、石膏1%、轻质碳酸钙2%。

④阔叶树杂木屑84％、麦麸10％、豆粕3％、轻质碳酸钙3％。

83. 如何进行杂木屑的建堆发酵？

毛木耳代料栽培中在培养料搅拌后便可以直接装袋。近年来栽培实践表明，培养料经过发酵处理，可降低污染率。杂木屑在栽培前3个月进场，进行长期堆积和昼夜淋水处理，直到堆底流出的水近无色为止。通过堆积和淋水处理，一方面是使木屑中所含的单宁、油脂类及有害物质随水流失排出；另一方面可使木屑软化，避免刺破料袋，降低污染率。蔗渣因榨糖有季节性，也应提前贮备。

建堆前1个月停止对杂木屑淋水，防止湿度过大，建堆时按配方进行拌料，含水量控制在65％左右，pH 8～8.5。料拌均匀后堆成高1.0～1.1米，长宽视地形而定，用于发酵的发酵堆。建堆后第5、9、12天各翻堆1次，每次翻堆前1天在发酵料面上每隔1.0～1.5米处插孔洞通气，排出有害气体。发酵周期为15天，共翻堆3次。发酵结束，培养料外观应为均匀一致的深褐色，没有氨气等异味气体，pH 6～6.5，含水量58％～60％。发酵结束后，在培养料中拌入麸皮或米糠、石灰和石膏等物质，同时调节培养料的含水量。

84. 如何进行毛木耳栽培菌袋的制作？

毛木耳栽培菌袋制作工艺流程为备料→配料拌料→装袋→灭菌→冷却→接种。

（1）备料。根据培养料的配方要求准备好各项原料，根据不同栽培模式准备不同规格的聚乙烯或聚丙烯塑料袋，长袋栽培的使用15厘米×55厘米的规格，短袋栽培的使用17厘米×35厘米的规格。

（2）配料拌料。配制培养料时要选择质量好、无污染的原辅料，将原辅材料混合拌匀，培养料含水量应控制在60％～65％，即用手攥紧培养料，看手指缝间有无水迹印出现，若有水迹印出现，表明含水量达到60％左右。使用玉米芯和棉籽壳配制培养料时，需提前8～10小时预湿堆闷，充分吸水后再与其他干原料混合拌匀。

（3）装袋。培养料拌料或发酵后即可填装到塑料袋中，填装时要压实，但要紧实适中，并尽早进锅灭菌。使用装袋机打包装袋，栽培容器短袋栽培的使用 17 厘米×38 厘米规格；长袋栽培使用 15 厘米×55 厘米规格的塑料袋，每袋料湿重 1.2～1.25 千克。装袋操作时要注意不可划破塑料袋，装筐灭菌前要仔细检查袋子是否完好，发现破袋可用胶布粘贴破损部位。

（4）灭菌。拌好的培养料堆放 1 小时，充分吸水后尽快装袋，装袋完毕应及时灭菌，以免培养料发酸变质。采用高压或常压方式进行灭菌。栽培毛木耳常压灭菌时，开始用猛火，尽快在 3～4 小时使锅内温度达到 100℃，然后文火控制在 100～105℃，保持 10～12 小时后停火，再闷锅 6 小时，即可开门降温，让锅内温度冷却至 60～70℃时出锅。高压灭菌时，当压力升至 150 千帕后保持 3～4 小时。

（5）冷却。将灭菌后的栽培袋移放到预先消毒的冷却室或接种室中，当栽培袋冷却至 28℃以下便可接种。

（6）接种。接种方法有在接种室接种和在接种棚接种两种，接种应严格按照无菌操作规程来进行。每瓶（袋）栽培种接种量不同，短袋栽培为 20～30 袋，长袋栽培为 6～8 袋。为了保证接种的成品率，在操作上应注意的事项有：①必须进行菌种瓶（袋）使用前的预处理，即对菌种瓶（袋）的外壁和棉花塞用 75％酒精浸洗消毒，接种时要先扒弃上层老菌皮；②进行接种套袋。即将接种的菌袋立即套入 15 厘米×60 厘米的专用塑料薄膜袋中，扎紧袋口。采用接种套袋技术，有利于保持菌种湿润，加快菌丝萌发定殖；同时隔绝空气，有效降低杂菌污染率。

85. 栽培毛木耳常用的品种有哪些？

栽培毛木耳品种选择的原则是选用抗性强、生长健壮、优质高产、商品性好的品种。

毛木耳 781 是福建省三明市真菌研究所在 20 世纪 80 年代选育出的优良品种之一。朵形大、肥厚、背面毛色黄色。菌丝生长温度 5～33℃。适宜温度 22～25℃，出耳温度 15～37℃，适宜温度 20～30℃。生物效率 100％～120％，菌丝生活力强，菌株抗病性强，是

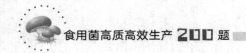

内销的主要品种之一。

毛木耳43系列由我国台湾省引进。耳片大、厚、面黑、背白，品种外观形状好。最典型的特点是背面绒毛多而白，耳质柔软，肉质细腻，品质优良。出耳温度18～33℃，适宜温度18～25℃；生物效率80%～100%，是切丝加工和出口外销的主要品种。

苏毛3号（8903）由江苏省农业科学院蔬菜研究所选育。朵片大、耳面红褐色、背面绒毛短而白，耳厚胶质多，可耐45℃高温2小时，出耳温度15～35℃。适宜出耳温度20～30℃；生物效率90%～100%，是鲜销干制的主要品种。

川耳2号由四川省农业科学院土壤肥料研究所选育。耳片柔软，中等大小、红褐色至褐色，表面具有耳脉，腹面绒毛白色至褐色，适宜出耳温度20～28℃，不需要温差刺激；适宜光照度50～100勒克斯，生物效率90%以上。

86. 怎样选择优良的毛木耳栽培菌种？

选用优良的菌种是毛木耳栽培取得优质丰产的前提条件，菌种质量的好坏直接关系到毛木耳产量的高低和栽培的成败。菌种分为一级种（又称母种），二级种（原种），三级种（又称生产种、栽培种），栽培者应根据自己的实际能力及条件决定选择哪一级的菌种。多数毛木耳栽培者以选择购买原种或栽培种作为生产用种，无论选择哪一级的菌种，都应从如下几个方面来鉴别菌种质量的优劣。

（1）纯度。这是菌种好坏的第一标准。作为菌种其纯度要求极高，需认证毛木耳的培养特征和菌丝生长的状态。纯度高的毛木耳其菌丝生长洁白。如果菌种培养基质感染上其他菌类，菌丝生长呈现红、绿、黄、黑等颜色时视为劣质菌种。

（2）长势。毛木耳菌丝生长健壮、整齐、发育均匀，生长速度快且一致，可视为优良菌种。

（3）菌龄。生产用菌种的菌龄长短直接关系到栽培的产量和质量，使用最佳菌龄状态的菌种是高产的关键之一。毛木耳栽培菌种应采用菌丝满袋（瓶）后5～10天的菌种；菌种与瓶（袋）壁紧贴，瓶内壁附有少量白色水珠的为新鲜菌种。

（4）色泽。毛木耳的菌丝是白色的，认清菌丝色泽，出现异样菌丝颜色的菌种应淘汰。

（5）均匀度。菌种的均匀度取决于菌种的纯度和培养基的均匀度，在鉴别毛木耳菌种时，观察木屑菌种，上下内外一致、长满菌丝、瓶壁或表面有少量茶褐色胶质物或耳芽视为优良菌种。毛木耳菌丝生长分布不均匀的菌种视为不良菌种。

87. 毛木耳菌袋发菌期管理要注意什么？

毛木耳菌袋培养过程中，在管理上主要是发菌场环境因素的调控工作。主要注意事项有以下几项。

（1）毛木耳发菌期内应注意调节好发菌棚内温度，毛木耳菌丝生长适宜温度为 25～30℃，在最适温度范围内，毛木耳菌丝生长健壮迅速，为了促使接种菌块定殖萌发，培养室的温度应控制在 25～28℃，待菌丝生长延伸至培养料 1/3 后，随着毛木耳菌丝量增长繁殖，释放出热量，菌袋内的温度高于培养室 2～3℃，因此，培养室的温度应降低到 23～25℃为宜。

（2）毛木耳菌丝生长期间，培养环境空气湿度应控制在 50%～70%，湿度太小使培养料水分蒸发快，对毛木耳菌丝生长不利，湿度太大，容易加深发菌期的杂菌感染程度。

（3）光线较暗有利于毛木耳菌丝的生长，毛木耳菌丝培养场所应注意控制光照，黑暗培养，以防过早出现耳芽，消耗营养。

（4）菌袋的培养过程中要注意耳场的通风换气。气温高，早晚通风换气；气温低，午间通风，每次通风时间在半个小时以上，保证新鲜空气的畅通；有采用接种套袋技术的培养过程中，当菌丝长至 10～15 厘米时，结合翻堆脱去外袋。

（5）在发菌管理期间，还要注意观察菌袋的生长状况，定期进行翻堆，检查发菌情况、杂菌污染情况，尽量保证发菌一致，及时处理杂菌污染袋。红色链孢霉是毛木耳栽培中主要污染菌，发现时应及时用棉花团蘸煤油或柴油涂于袋口，以控制孢子飞撒传播；被绿霉、黄曲霉污染的菌袋应及时剔除，防止杂菌蔓延传播。正常管理情况下，毛木耳菌丝长满袋需 35～45 天。

88. 毛木耳菌袋培养期为何出现菌丝难以萌发和生长缓慢的现象？

（1）毛木耳菌袋培养期间出现菌丝难以萌发和生长缓慢现象的常见原因有：①菌种老化或菌龄太长；菌种携带细菌或螨类；②培养料中添加了抑制菌丝生长的多菌灵等杀菌剂，培养料中含有抑制菌丝生长的有害物质；③接种过程中使用过量杀菌剂；接种量过少、菌种块过于细小，造成菌种失水过快而不能萌发；④发菌温度低于15℃或培养温度超过30℃造成菌丝活力衰弱甚至死亡；⑤菌袋培养料的通透性差，氧气供应不足。

（2）防治措施。①选用优质适龄菌种；严格剔除感染细菌和螨类的菌种；②培养基质料严禁添加抑制木耳菌丝生长的杀菌剂；防止因培养料厌氧发酵，积累过量有害物质；③接种空间消毒选用质量合格的杀菌剂，按规定量使用，适当加大接种量；④发菌温度控制在15℃以上，发菌初期温度最好控制在25～28℃；⑤培养基质颗粒配比适当，装料松紧适中，控制培养料含水量不超过65%，防止菌袋透气不良。

89. 栽培毛木耳有哪几种出耳方式？

毛木耳生产采用熟料袋栽出耳模式，为了更好地发挥空间作用，提高空间栽培效益，现在栽培毛木耳以耳棚吊袋栽培模式（彩图5-1）和耳棚墙式栽培模式（彩图5-2）为主。

耳棚吊袋栽培可以充分提高耳棚的空间利用率，以30米×9米×4米耳棚为例，吊袋栽培模式下可以投放菌包2万袋左右。投放设置为7个菌包一串，菌包串离地25～30厘米，包串总高度为175厘米左右，串与串之间距离为25厘米左右，每2～3排菌包串预留70厘米通道，便于通风和人工管理。吊挂时，要将袋口扎紧不留空隙，以免因袋内菌块与袋之间空隙过大，膨松，造成空气流通，致使原基大量分化，影响出耳。扎口后，两袋用绳子系在一起，用1%高锰酸钾或3%甲酚皂溶液浸泡一下，进行表面消毒，以防开口时引起杂菌污染。将系在一起的菌袋吊挂在竹架或铁丝上，两袋上下错开，吊挂后，可采取定点定量开口的方式。开口方式在袋壁上划出 V 形或"十"字形耳口，口长 1.5～2 厘米，每袋 8～10 穴，开口时不要损伤菌丝。口与口之间呈"品"字形错开。划口的数量不宜过多或过宽，否则料内水分易散失，影响耳芽形成或造成耳片过小，也易被杂菌感染。

耳棚墙式栽培一般采用墙式堆叠栽培法，接种好的栽培袋直接在耳棚内堆叠发菌。排叠栽培袋的行距约 1 米，长度 3～5 米，分两边排列，中间留 1.5 米的通道。堆叠的第 1 层栽培袋离地面约 10～15 厘米高，每堆叠一层栽培袋，在其上放置两片厚 1.5 厘米左右的薄竹片，以固定栽培袋和通气散热，然后在薄竹片上再堆叠第 2 层栽培袋，且袋口与第 1 层相反，如此层层叠高，直至高度达到 1.5 米左右，堆叠 10～12 层。

90. 毛木耳出耳期应如何管理调控？

毛木耳栽培袋经过 35～45 天的发菌培养，菌丝即可长至 3/4 袋或长满，并逐步进入菌丝成熟期，进行出耳管理（彩图 5-3）。毛木耳的出耳期管理直接影响着产量和商品价值，良好的管理能够实现毛木耳的高产、优质、高效。毛木耳出耳期可分为耳芽发生期和耳片伸展期，在这期间的主要关键技术是对温度、湿度、光照和空气 4 大要素的科学调控。

毛木耳耳芽发生期的管理措施主要是：①增加光照。毛木耳需要适当的散射光照射才能正常生长发育，将耳棚内的光照度增加至300～500 勒克斯，可促进耳芽原基形成和发育。②调控温度。毛木耳出耳温度在 18～25℃，以 23～25℃ 为适宜。若棚内温度高于25℃，耳芽形成不好，易出现红薄耳，品质差；若温度低于 18℃，原基难以形成分化或已形成的耳基干枯死亡。为了提高毛木耳的品质，当菌丝长满袋，但气温不适宜时，应适当调整开袋时间，在当地气温稳定在 23℃（取 5 天温度平均值）的日期方可安排开袋出耳。③管控水分。从开袋后至耳芽形成期间，棚内相对湿度控制在85％～90％。根据天气情况掌握每天空间水分的喷雾次数，注意在喷水时，喷水枪头不可直接向菌袋的开袋口喷水，只能喷向空中、地面，达到保湿的目的即可，促使耳芽尽快形成。经过5～7天，袋口表面即可出现耳芽原基，原基形成后3～5天就可逐渐分化出杯状耳芽。

毛木耳耳片伸展期的管理措施主要有以下几种。

（1）疏耳措施。毛木耳耳基形成后会连片发育成幼耳，密集的幼耳一起生长会导致营养供应分散，耳片偏小并相互挤压，因此，需要进行疏耳工作。具体做法是采用水压高的喷枪向栽培袋料面喷水，利用水的冲力将弱小的耳芽冲坏，留下强壮的耳基，疏耳是提高毛木耳质量和产量的技术措施之一。

（2）水分调控。当出现杯状耳芽时，关键管理是控制耳片湿度，这时喷水应勤喷、细喷，干干湿湿、干湿交替，保持耳片湿润无积水、不卷边为宜。一般耳片小少喷，耳片大多喷；阴雨天不喷或少喷，晴天干燥多喷；喷水最好呈雾状，确保相对湿度在85%～95%。

（3）加强通风换气。毛木耳耳片伸展期阶段，耳片生长迅速，必须有大量的新鲜氧气供应。因此，出耳场每天要注意结合喷水措施进行通风换气，以利耳片正常发育。如果通气不良，二氧化碳浓度过高，影响耳片的展开，易出现耳片畸形、感染杂菌和烂耳。

代料栽培毛木耳的生产周期较短。在适宜条件下35～45天完成发菌，开袋后20天左右出耳，接种60～90天内采收第一潮耳，耳潮间隔20～25天，采收3～4潮。栽培生物学效率90%～120%。

91. 毛木耳如何采收加工成优质产品？

白背毛木耳是优质毛木耳的创汇产品，其耳片胶质、脆嫩、厚（鲜耳厚度1.2～2.2毫米）而大，光面紫褐色，晒干后呈黑色，毛面有白色绒毛。干耳发水率高，一般0.5千克干耳可发4千克湿耳，商品销售价格比其他干木耳高15%～20%。栽培者常选择种植白背毛木耳以获取更高效益。

当毛木耳的耳片充分展开，耳片直径长到10～14厘米，耳片的外缘微反卷，呈波浪状，耳边变薄，耳片腹面色泽开始由红棕色转变为紫褐色，并有白色孢子粉出现时就进行采收。优质出口等级的白背毛木耳采收加工应掌握以下关键步骤。

（1）在采收前 2～3 天停止向耳片喷水，空中喷雾将相对湿度保持在 80% 左右，维持成熟耳片呈湿润状态，促使毛面绒毛伸长。

（2）白背木耳是以干品出售，当耳片九成熟时一次性采耳，采收用特制小弯刀在蒂头处割下，避免损伤料面而影响后期出耳。

（3）采下的毛木耳剪去蒂头，洒水堆放 1～2 天促使耳片湿润软化。

（4）将软化毛木耳放入洗耳机清洗，将附着在耳片上的杂物及孢子冲洗净。

（5）将洗净的木耳晒干（彩图 5-4）。等级好的白背毛木耳干品制作最好是在烈日下一次性暴晒。晒干过程中，将绒毛面朝上，晒干之前不宜翻动耳片，以便耳片舒张不卷曲，商品价值高。一级品的白背毛木耳干品其腹面乌黑发亮，毛面洁白，耳片直径 4 厘米以上，无病虫害和杂质。

92. 什么是玉木耳？其食用、药用价值如何？

玉木耳别名白玉木耳，是毛木耳的白色变异菌株，是由吉林农业大学李玉院士团队选育的珍稀品种。玉木耳色泽洁白、圆边、小碗、肉厚、无筋。新鲜的玉木耳呈胶质片状，晶莹剔透，耳片直径 4～8 厘米，有弹性，腹面平滑下凹，边缘略上卷，背面凸起，并有纤细的绒毛，呈白色或乳白色（彩图 5-5）。干燥后收缩为角质状，硬而脆，背面乳白色；入水后膨胀，可恢复原状，柔软而半透明，表面附有滑润的黏液。

玉木耳通体洁白，口感质脆滑嫩，已成为人们餐桌上的佳品，其食用方法与黑木耳相同，泡发后食用。玉木耳含有丰富的多糖、膳食纤维、氨基酸、各种矿物质和微量元素等营养物质。据检测，玉木耳中蛋白质含量 7.3%，不饱和脂肪酸含量 6.2%，多糖含量 6.56%，膳食纤维含量 35.1%，三萜类化合物含量 0.02%，还含有丰富的精氨酸和谷氨酸。研究显示，玉木耳多糖具有较高的抗癌活性、抗氧化能力和抑菌能力，还具有清肺益气、降血脂、降血浆胆固醇、抑制血小板凝聚等诸多功效；由于玉木耳的膳食纤维含量较高，对食用者的胃肠蠕动、消化吸收、改善人体肠道生态环境方面均有较好的促进作用。因此，玉木耳是具有较高营养价值和保健价值的食品。

93. 玉木耳栽培有哪些技术要点？

玉木耳属于毛木耳的白色变异品种，兼具毛木耳特性。其栽培管理要点如下。

（1）玉木耳属中高温菌类，适宜栽培季节是春、秋两季。春季栽培可在2月至3月上旬制袋，4—6月长耳；秋季栽培宜在7月上旬制袋，9月至11月上旬长耳。生产周期4～5个月。

（2）适合玉木耳栽培的原材料一般为杂木屑、玉米芯、玉米秆、棉籽壳、高粱壳等，玉木耳栽培的推荐配方有：①木屑66%，稻壳粉15%，精稻糠15%，豆粉2%，石膏1%，石灰0.5%，蔗糖0.5%；②杂木屑58.5%，玉米芯20%，棉籽壳8%，麸皮12%，碳酸钙1%，石灰0.5%；③木屑80%，米糠15%，豆粉2%，玉米粉2%，石膏1%；以杨树木屑和栎树木屑混合料木屑为主料栽培玉木耳可获得高产优质。

（3）玉木耳菌丝适宜生长温度22～30℃，温度控制在26～27℃时，35天左右菌丝即可长满袋，待菌丝长满后，需要后熟培养7～10天再进行出耳管理。

（4）玉木耳栽培以大棚吊袋栽培模式较好。经后熟的玉木耳菌袋用木耳专用刺孔机进行刺孔，打孔前刺孔机用75%酒精消毒，孔直径约4毫米，孔深约5毫米，长袋每袋刺孔数量180～200个，短袋每袋刺孔数量110～120个，刺孔后继续养菌3～5天使菌丝尽快恢复。

（5）出耳管理。玉木耳出耳温度20～24℃，湿度90%～95%，二氧化碳浓度不高于0.5%，散射光照450勒克斯。喷水宜用加湿器喷雾状水，应掌握晴天多喷水、雨天少喷水或不喷水、耳少耳小少喷水、耳多耳大多喷水以及干干湿湿的原则。待耳片直径长至3～5厘米即可采收。每批耳采后，应停止喷水3～5天进行养菌，再重新喷水管理出耳。

94. 如何防治毛木耳栽培中菇蚊和螨虫的危害？

毛木耳生产过程中菇蚊和螨虫是常发性虫害，严重危害毛木耳的菌丝体和子实体，使毛木耳的产量锐减和品质降低。菇蚊主要以幼虫危害毛木耳的菌丝体和子实体。菇蚊幼虫蛀食培养料内毛木耳菌丝，造成退菌，培养料松散发黑，影响出耳；菇蚊幼虫取食耳片绒毛和耳片基部，使耳片生长缓慢，危害严重者使耳片变黑腐烂，引起流耳减产和杂菌感染。菇蚊成虫不直接危害毛木耳，但成虫的活动常携带病菌、线虫、螨类等，造成其他多种病虫的间接危害。螨虫侵食毛木耳菌丝体，菌丝受害出现断裂、萎缩现象，在栽培袋内培养料出现深褐色纵条状湿斑的症状；螨虫聚集在耳背基部的皱褶里，一般肉眼可见大量晶莹剔透的白色颗粒，一旦耳片被螨取食就会变薄发黄，生长缓慢，最后萎蔫死去。

菇蚊和螨虫的防控技术措施如下。

（1）保持耳场环境卫生。耳棚使用前进行严格清洁消毒，清理棚内外产前的废菌包及其他废物、杂草等；暴晒耳棚地面和耳架；排袋前在耳棚四周、地面及竹架上喷洒干石灰或2%漂白粉；每次采耳后应清除栽培袋上残基和地面上掉落的残耳。

（2）使用黄色粘虫板。利用菇蚊成虫的趋光性，用黄色粘虫板诱杀菇蚊成虫，可有效减少耳棚内菇蚊成虫的数量。因此，在毛木耳栽培袋排袋的同时，就立刻在耳棚内悬挂黄色粘虫板；悬挂黄色粘虫板宜略高于耳棚内最上层菌袋，黄板上粘满成虫后，应及时换新；在较明亮的通风口处，悬挂黄色粘虫板，利用菇蚊成虫趋光性可粘住飞来的菇蚊成虫。

（3）耳棚门口用遮阳网遮挡，通风口用纱网遮挡。营造一个较暗的环境，可减少菇蚊成虫飞入棚内。耳棚四周应加装70目防虫网，可防止菇蚊成虫、夜蛾、谷蛾等害虫入侵，利用防虫网的屏障作为药剂载体，防治停留在网上的成虫。

（4）使用频振式杀虫灯。耳棚悬挂频振式杀虫灯，可有效诱杀耳棚内的菇蚊成虫。

（5）定期化学防治。化学防治主要是采用低毒、低残留的化学农药，不定期地使用炔螨特、阿维菌素制剂、菇净、吡虫啉、氟虫腈等药剂稀释液喷洒毛木耳的生产场所和耳棚内外四周和地面，可起到有虫治虫、无虫防虫的效果，耳架在开袋前用药物喷湿、喷透防治虫害。毛木耳在菌袋开袋之后至采收期间严禁使用任何农药。

95. 毛木耳出耳期发生流耳和畸形耳应如何防治？

（1）流耳。主要症状是耳片部分或全部自溶溃烂，表面发黏，变成胶状流体。在毛木耳出耳期间，长期处于高温高湿条件下，通风不良、采收不及时、耳片密度大、采收方法不当、耳场有病虫害等均容易造成流耳。防治措施主要有：①在高温出耳期就应调控好耳棚内的温度、空气湿度和通风，以预防闷热高湿产生的危害；②毛木耳耳片密度大时，及时采摘较大耳片，疏耳透气；③毛木耳成熟后要及时采收，耳片采收干净，不留伤口；④流耳发生后，及时摘除病耳，并用水冲洗流耳残留物，加强通风；⑤出耳场所清洁卫生，定期杀虫，减少害虫发生。

（2）畸形耳。主要症状是耳基开片后外缘不继续展开，不形成正常耳片，耳片外缘向上翘形似指状耳或耳片全部卷曲。发生畸形耳的原因有耳棚内通风不良、二氧化碳浓度过高；使用了能产生药害的药品；耳基生长期间，耳棚温度持续超过35℃，空气相对湿度过低（70%以下）。防治措施主要有：①出耳期间加强通风换气，保持耳棚的空气新鲜，促使耳基正常分化生长；②调控好耳棚的温湿度，避免高温低湿条件下出耳；③出耳期间严禁使用对毛木耳生长有害的化学药品和农药，以免产生药害。

六、茶树菇生产关键技术

96. 茶树菇生产中常用的品种有哪些？

　　茶树菇属于中温型食用菌，生长于温带至亚热带地区（彩图 6-1）。在真菌分类学上，其隶属于真菌界担子菌门伞菌纲伞菌目球盖菇科，学名柱状田头菇，又名茶薪菇、柳松茸等。

　　生产上，常用的茶树菇品种有古茶 2 号、赣茶 3 号、赣茶 5 号、白色茶树菇、AS-1 等。一般情况下，菌种多经过野生茶树菇驯化与改良、诱变育种和杂交育种等方法获得。由于茶树菇存在着菌种名称及编号混乱等现象，为保证种植茶树菇的经济效益，建议种植户从具有资质的供种单位购买菌种。栽培品种则根据具体生产区的实际情况（包括原材料来源、气候特征等）以及当地的消费习惯等进行选择。

视频4　茶树菇传统栽培工艺

97. 茶树菇生长中培养料组成及栽培配方是什么？

　　自然环境中，茶树菇长于茶树、杨树、柳树等树木腐朽的树根部及周围，为木腐菌，其生长时间主要集中在春夏之交及中秋节前后。制袋过程中，茶树菇栽培料可分为主料和辅料两部分（彩图 6-2）。一般使用阔叶树木屑、棉籽壳、玉米芯及甘蔗渣等作为主料，玉米粉、茶籽饼粉、菜籽粉、花生粉和大豆饼粉等为辅料，并添加石膏、碳酸钙、石灰等物质，以满足茶树菇生长需要。

　　生长中常用的栽培配方有以下几种。

　　（1）杂木屑 72%，麦麸 25%，石膏 1%，蔗糖 1%，过磷酸钙

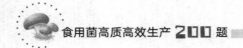

0.5%，石灰 0.5%。

（2）杂木屑 55%，棉籽壳 20%，麦麸 15%，玉米粉 5%，豆饼粉 3%，石膏 1%，红糖 0.5%，磷酸二氢钾 0.4%，硫酸镁 0.1%。

（3）棉籽壳 78%，麦麸 20%，石膏 1%，蔗糖 0.5%，石灰 0.5%。

（4）棉籽壳 37.5%，锯木屑 30%，麦麸 18%，玉米粉 8%，茶籽饼粉 4%，红糖 0.6%，石膏 1.5%，磷酸二氢钾 0.4%。

（5）棉籽壳 75%，麦麸 15%，玉米粉 4%，茶籽饼粉 4%，红糖 0.5%，石膏 1%，磷酸二氢钾 0.4%，硫酸镁 0.1%。

（6）玉米芯 37%，杂木屑 38%，麦麸 23%，石膏 1%，过磷酸钙 0.5%，石灰 0.5%。

（7）玉米芯 60%，棉籽壳 10%，木屑 10%，玉米粉 6%，麦麸 12%，红糖 0.5%，石膏 1%，磷酸二氢钾 0.4%，硫酸镁 0.1%。

（8）甘蔗渣 68%，细米糠 27%，黄豆粉 2%，石膏 1.5%，石灰 1%，红糖 0.2%，磷酸二氢钾 0.3%。

（9）甘蔗渣 60%，棉籽壳 10%，木屑 10%，麦麸 12%，玉米粉 5%，石膏 1.5%，红糖 1%，磷酸二氢钾 0.4%，硫酸镁 0.1%。

（10）甘蔗渣 36%，棉籽壳（或废棉）36%，棉籽饼 5%，麦麸 15%，玉米粉 5%，石膏 1%，红糖 1.5%，磷酸二氢钾 0.4%，硫酸镁 0.1%。

98. 如何合理地确定茶树菇的栽培时间？

根据茶树菇的温型，一般在春、秋两季栽培。应根据茶树菇菌丝生长和子实体发育所需的最适环境条件，即根据当地气温变化规律，合理地安排栽培时间。茶树菇菌丝生长适宜温度为 22～28℃，当温度低于 14℃时，菌丝生长缓慢，生产时间拖长，且易老化；高于 28℃，菌丝则生长过快，但细弱易衰退。子实体生长适宜温度为 18～24℃，低于 15℃时不易出菇；高于 28℃时子实体薄而色淡；超过 30℃时子实体难以形成，并影响产品质量。因此在高温季节温度降至 24℃，低温季节温度上升至 18℃时，均可形成大量子实体。

栽培茶树菇，需先培育菌丝体，时间为 50～60 天，后开始出菇，生长期还需要 50～60 天，故在选择栽培季节时选择在气温稳定时再向前推 2 个月的时间。即春季气温稳定在 18℃时向前推 2 个月接种栽培袋，秋季气温稳定在 24℃时往前推 2 个月接种栽培袋。我国北方地区春季宜 3 月中旬至 4 月底接种，4—6 月出菇；秋季宜 7—8 月接种，8—10 月出菇。相对的，南方地区春季在 12 月至翌年 3 月接种，2—5 月出菇；秋季则是 7—8 月接种，9—11 月出菇。茶树菇出菇的温度范围在南方大部分地区可通过栽培设施等手段达到，实现增温、保温的目的，继而实现周年栽培。

99. 以木屑为主料的茶树菇培养料对木屑来源树种有哪些要求？

以木屑作为栽培茶树菇的主料，其优势有两点，一是木屑材质较硬，可以长期保持菌袋的坚挺；二是木屑资源丰富，价格较低廉，生产成本较低。在选择木屑为栽培主料时应注意以下要求。

（1）阔叶树木屑。适合栽培茶树菇的木屑主要来源为常绿树或落叶树，其营养成分、水分、单宁、生物碱含量的比例，以及木材的吸水性、通气性、导热性、质地和纹理等物理状态都更适合茶树菇生长。如栓皮栎、槲树等。

（2）杂木屑。树木的选择上不受树龄、树干直径大小的限制。但树龄的大小对茶树菇的产量和品质则有一定的影响，以老龄树的木屑为原料栽培茶树菇，其出菇多，质量好。据经验，在生产上尽可能将厚皮树和薄皮树，质地硬和质地软的树，老树、大树和一些不能成材的小树混合使用栽培茶树菇效果较好。

100. 以棉籽壳为主料的茶树菇培养料对棉籽壳有何要求？

棉籽壳营养全面丰富，颗粒均匀、适中且通气性好，质地软硬结合，是茶树菇栽培的首选材料，也由于自身性质，在生产过程中需满足以下几方面。

（1）棉籽壳上茸不宜过长或太多，也不可无茸，要求有一定数量的短茸。棉籽壳外观色泽应灰白或者雪白色，而不是褐色。短茸适量，手握稍有刺感，比较柔软。

（2）棉籽壳贮藏过程中要注意防潮、防霉变、防结块、防生虫。

因此贮存仓库地势要高，并且从地面架空，上设防雨设施，下设防潮管道，门窗有防虫设施。

（3）棉籽壳含有一定量的棉酚，对菌丝的生长不利，可通过发酵除去。故在培养料配制时，对棉籽壳要进行预处理。

101. 茶树菇生产中常用的出菇方式有哪些？

茶树菇的出菇方式有床架立式出菇、菌袋墙式出菇、覆土栽培（主要是福建省部分地区的栽培模式，包括脱袋覆土栽培和不脱袋覆土栽培）及瓶栽（工厂化栽培模式），而前两种方式为茶树菇栽培的常见出菇方式。

床架立式出菇方式是在室内或者大棚内搭建床架，床架有5~6层，菌袋竖立摆放，90~100袋/米²。当菌袋长满菌丝，袋口出现黄褐色的色斑，菇棚内的温度在12~27℃时，可逐步打开袋口，保持菇棚内温度为22~24℃，空气相对湿度80%以上，促使薄膜袋口的菌丝迅速转色，形成原基后将袋口下翻（或割袋）1~2厘米。

菌袋墙式出菇方式是在室内或者大棚内将袋内菌丝达生理成熟（菌丝满袋后10~15天）的栽培袋横排卧式立体堆叠出菇（彩图6-3），或在床架上将菌袋卧式立体堆叠出菇。要求排放菌袋的地方要高于地面10厘米以上，以免下层子实体被地面杂物污染。根据不同高度的温度条件不同，一般堆高不应超过10层。采取床架式分层码放方式时，可有效利用空间，但每层床架码放不超过3层菌袋，以免中间料温升高影响茶树菇产量和质量；也不可盲目超量密集排放，以免室内通风不好，氧气不足，或温度居高不下，导致生理病害和其他病虫害的发生。此法节省空间，菇房（棚）利用率高，节约成本，但畸形菇较多。

102. 茶树菇接种时应注意哪些方面？

（1）冷却。茶树菇菌袋灭菌结束后，应放到洁净的冷却室、接种室或者接种罩内冷却，待到料温降至30℃以下（以料袋中部温度为准）时进行接种。一般情况下，冷却时间为24小时，手摸料袋无明显热感即可。

（2）菌种消毒。用75%酒精、0.1%~0.2%高锰酸钾水溶液或

0.25%新洁尔灭擦洗菌种瓶（袋）表面，以除去菌种瓶（袋）表面杂菌。

（3）接种场所消毒。在接种室、接种箱或接种罩内接种时，接种场所（彩图6-4）要提前3～4小时消毒，常用的消毒方法有：

①将气雾消毒剂点燃后产生的气体可对空间进行熏蒸消毒，每立方米用2～3克消毒剂。

②用甲醛和高锰酸钾混合后产生的气体对空间进行熏蒸消毒，每立方米用5克高锰酸钾和10毫升甲醛溶液。

③喷洒杀菌剂消毒。

④紫外灯照射30分钟以上，紫外灯与菌袋距离不超过1.5米。

（4）接种。将接种工具在酒精灯上灼烧消毒灭菌，打开菌种瓶（袋），去除菌种表面老菌丝，然后打开培养料袋口，用接种工具取出适量菌种放入栽培料中，封口。部分地区采用与栽培香菇的打穴接种类似的方法进行接种，即在料袋侧面打接种穴，菌种放入到接种穴内，用胶布封口；或在料袋外面再套一个稍大些的塑料袋。接种时要尽量做到无菌操作，操作人员相互配合，缩短接种时间。

103. 茶树菇菌丝体培养过程中需要控制什么？

菌丝体培养阶段，要注意培养场所和菌袋堆叠方式。

（1）培养场所。培养场所温度要求22～28℃，通风、避光且干燥。一般的茶树菇菌丝体培养与出菇可以在同一场所，也可在培养室发菌，在大棚内出菇。培养场所要提前打扫干净，并进行消毒、灭菌与害虫清理。

（2）菌袋堆叠方式。菌袋可直接立式放置在床架上发菌，也可在床架上码放3～4层发菌，亦可将菌袋直接放在地面上码放发菌（彩图6-5）。培养期间要注意控制室温，一般控制在22～26℃，空气相对湿度在60%以下，黑暗培养。随着菌丝生长，菌袋会发热，为防止高温烧菌，或降低室温，或降低菌袋码放层数，在高温季节发菌时也可用工具将菌袋刺洞来散热。

发菌期间还要进行定期翻堆，将菌袋内外、上下对调，使发菌均匀一致，同时检查菌袋污染情况。对于污染的菌袋，要全部移出培养场所；污染严重的，要深埋或灭菌后处理；对于轻微污染的菌袋，可在远离培养室的地方低温发菌。

104. 茶树菇栽培中如何进行后熟培养？

在发菌 40～50 天后，菌袋内菌丝体已经覆盖所有培养料（吃料完全或基本完全）之后，即可进行后熟培养。后熟培养的关键条件有两点，一是温度条件。进行降温处理，温差需要大些，一般不超过 12℃，降温处理时间不宜过长，一般 3～5 天。二是避光培养。除以上两点外，还要注意供氧及排出二氧化碳。后熟时间大约 15 天，后熟完成后，即可转入出菇管理。

105. 茶树菇生长过程中催蕾时要注意什么？

当菌丝由营养生长转入生殖生长，随之进入到出菇阶段。出菇管理首先是进行转色催蕾。进入转色催蕾阶段后，一般通过对菌袋灌水以增加含水量。干湿差刺激是催蕾时最重要的措施之一。除干湿差刺激外，还要进行温差刺激和光差刺激，即高温和低温交替、散射光照与黑暗交替进行处理。茶树菇为恒温结实型菌类，不需温差刺激原基也能正常分化，但实际生产中，5～10℃的温差刺激能促进原基形成。

打开菌袋，或将菌袋割口，料面开始出现微黄水，继而变褐色，随菌丝体褐化过程的延长和颜色的加深，袋口周围表面的菌丝会形成一层棕褐色菌皮。这时期，早晚喷水保湿，提高相对空气湿度到 95％左右，光照度控制在 500 勒克斯以上，温度控制在 18～24℃，随即会出现很多的子实体原基，原基很快分化成菇蕾。原基形成后需氧量增加，此时根据菇棚内空气情况及时进行通风换气，遵循"慢风不停，长通不止"原则。如菇蕾过密，需进行疏蕾，一般保持每袋 20～30 朵为宜。

菌丝转色的标准如下。

（1）肉眼观察。菌袋表面转为棕色或棕褐色，较硬。

（2）敲击声响。手敲菌棒，发出类似空心木的声响，菌袋有弹性。

（3）菌棒失重。一般失重的关键是水分消耗，包括发菌、后熟以及转色过程中失水，一般失水率在 20％以内。

106. 如何进行茶树菇出菇过程管理？

茶树菇的出菇管理，即对温度、湿度、光照、空气进行综合管理，以温度为基础，以通气为关键，以水分为重点，以光照为辅助。

（1）控制温度和湿度。子实体生长速度与温度密切相关，故确保棚内温度在子实体生长适宜温度范围内，子实体产量高，品质优。子实体生长发育还需要保证菇棚内的相对空气湿度适宜，可采取的措施有少喷勤喷、空间喷雾和地下灌水等，尽量避免直接向子实体上喷水。当子实体长至1～3厘米高时，停止喷水1～2天，将相对空气湿度控制在85%左右。

（2）调节空气。原基分化成菇蕾的时期，需氧量增加，此时需适当增加通风量。通风原则为低温季节少通风，利用中午多通风；高温季节多通风，早晚通风；雨天多通风，风天少通风或不通风。高温和通风量过大是形成开伞早、柄短、肉薄等次品菇的原因之一。

（3）调节光照。茶树菇子实体具有明显的趋光性，适宜的光照条件下可获得菌盖小、菌柄长的优质菇。在原基分化及形成菇蕾期间，提供一定的散射光，在子实体生长阶段，保持光照度100～300勒克斯。

（4）出菇场所卫生。保持菇房或大棚等出菇场所的整洁卫生，使用防虫网、防虫灯等做好防虫措施，并注意灭菌消毒。

107. 茶树菇菌丝体培养过程中有哪些异常现象？如何防治？

（1）菌丝徒长。菇房温度高、通风不良等不利于子实体分化的因素，导致了菌丝徒长；或培养基含氮量过高，菌丝营养生长过度，不能扭结形成子实体。防治对策有：选择适宜的栽培料配方；培养阶段要加强通风量，降低二氧化碳浓度，适当降温降湿，抑制菌丝生长，促进子实体形成；划破或去除菌皮，喷重水并加大通风以抑制菌丝生长，促进原基形成。

（2）菌丝萎缩。培养过程中有时菌丝会逐渐萎缩、变干，最后死亡。原因如下：培养料配制不当；培养料湿度过大，引起缺氧，或培养料湿度过小；高温烧菌；害虫危害。防治对策有：选择长势旺盛的菌种；严格按照配方配制培养料；调节培养料含水量，维持发菌场所适宜的相对空气湿度，并注意通风换气；在发菌过程中，注意菌袋码放高度和层数，定期翻堆，严防堆内高温。

108. 茶树菇出菇过程中有哪些异常现象，如何防治？

（1）菇蕾枯萎。环境干燥，通风不良，光线过强，使形成的菇蕾逐渐枯萎，以致消失。防治对策有：在原基形成过程中，注意保湿、增氧和控光（50～300勒克斯），避免空气干燥和二氧化碳浓度过大。

（2）早出菇。菌袋内菌丝吃料不足，后熟不完全，未转色，受到较大刺激，以致小菇或畸形菇增多，子实体颜色变淡。防治对策是：当菌袋内菌丝生理成熟后，不要常搬动或过多震动菌袋，要保持恒温，并使光刺激不超过800勒克斯。

（3）畸形菇、小菇、密菇。畸形菇是由于温差刺激，促进子实体形成，若没有及时割袋，大批菇蕾迅速生长，因菌袋限制而长成的。防治对策有：及时割袋，保湿、增氧，每天通风换气，结合喷水保湿，保持相对空气湿度在90％～95％。小菇和密菇是由于后熟不完全、昼夜温差大，水刺激过大，或栽培后期营养不足，不能满足子实体生长发育的需求而形成。防治对策有：菌丝生理成熟后，温差刺激时间不要过长，一般不超过3～5天；原基大量形成后，及时进行疏蕾；栽培后期，补充营养物质与水，并延长转潮期间的养菌时间。

（4）侧生菇。菌袋装料与薄膜（菌瓶）之间留有空隙，（割袋）出菇时进入大量空气，加上光刺激，进而产生侧生菇而浪费培养料的营养成分。防治对策是装料要装紧实。

109. 怎样在茶树菇转潮期进行管理？

茶树菇转潮期必须满足菌丝、原基和子实体对生长条件的不同需求。在管理时要依据当地及当季气候的条件和变化，加强对光照、温度、空气及湿度的调节。转潮期管理的重点是养菌，即使菌丝恢复营养累积，为下一潮菇的形成提供必需的营养物质和水分，以促进下一潮菇迅速生长。具体操作是每采收一潮菇后，停止喷雾喷水7～10天，但要保持相对空气湿度在70％左右。如果菌袋采取立式出菇方式时，可将菌袋倒置。直到菌袋上菌根穴处发白，再按照出菇管理方法进行出菇管理。管理期间要注意保持大棚内的卫生，如有必要，喷洒杀菌和杀虫的药物，定期观察，发现问题及时处理，确保转潮期不会发生病虫害。

110. 怎样在茶树菇出菇后期补充水分和营养？

茶树菇采收 3～4 潮后，菌袋内的营养成分大量消耗，菌丝活力渐弱，菌袋内的水分大量减少，子实体形成被抑制，产量受到严重影响。为保证茶树菇后续出菇，需要适时、适量地为菌袋补充水分和营养。补水的标准为补水后的菌袋重量与出菇前的菌袋重量基本相同，不要补过量。通常，补充水分和补充营养成分是同时进行的。

（1）补水。菌袋内菌丝活力恢复后，催蕾前为最佳补水期。补水的方法有浸水法和注水法。浸水法是用铁丝在菌袋中央打 3～4 个孔，深为菌袋直径的 1/2，然后将菌袋一层层叠入浸水沟或浸水池，再用木板压紧上层菌袋，用石块固定，不让菌袋浮起来，灌入清水，直至淹没菌袋为止；注水法是使用注水器或者注水机将水注入菌袋中的补水方法，但注水器会因补水均匀度不适的问题而发生菌袋内菌丝自溶的现象，不建议采用，而注水机是通过负压排出菌袋内空气，达到给菌袋内自然（强制）的补水效果，方便且效果较好，但会增加生产成本。

（2）补充营养。一般在第三潮菇后，由于茶树菇菌丝的大量吸收而使得培养料中的营养成分显著减少，发生菇形变小、菇脚变长、单生菇增多等情况，此时，需进行追肥补水。每潮菇可补 3～4 次肥，适当加入尿素、复合肥、过磷酸钙等物质，促进菌丝生长和子实体的发育。

111. 茶树菇栽培过程中如何防治菇蚊、菇蝇等虫害？

危害茶树菇子实体的害虫主要有菇蚊、菇蝇、蛞蝓、果蝇等。防治虫害的原则是"以防为主，防重于治"。

具体从以下几个方面进行防治。

（1）物理防治。是目前为止使用最普遍、最起作用的防治手段，利用物理因素，采用防虫网、粘虫板、诱杀灯等诱杀或捕捉害虫，或人工直接捕杀害虫，或在菇房外搭建缓冲间以减少或隔离害虫。

（2）生态防治（栽培防治）。主要从筛选抗虫栽培品种、优选原材料、制作优良菌种和创造有利环境条件等方面入手，在出菇管理中控制温度、湿度、光照和空气等因素，并注重场所的清洁卫生，采取消毒、轮作以及茶树菇的规范化和设施化生产达到防治虫害的目的。

（3）化学防治。喷洒菇净、噻虫嗪等化学药剂杀虫，但由于其可能会对人体有害，同时在生产上适宜的化学农药种类也较少，故不建议使用或优先使用此方法。

（4）生物防治。利用生防细菌、植物源杀虫剂等药剂防止害虫生长繁殖，以达到防治的目的。在实际生产过程中，结合多种防治方法，形成配套的综合防治体系，才能提高防治效果，确保茶树菇的高产、优质、高效。

112. 茶树菇栽培过程中如何进行病害防治？

危害茶树菇的病原菌有细菌、酵母菌、霉菌、黏菌等（彩图6-6）。同样的，防治病害的原则为"以防为主，防重于治"。

具体从以下几个方面进行防治。

（1）物理防治。是一种有效且应用较广泛的防治方法，利用高压蒸汽灭菌、常压高温灭菌、紫外灯等仪器设备对培养料、接种工具等进行消毒灭菌，培养料的发酵处理中，通风时使用经空气过滤装置过滤过的空气，通过这些防治方法减少或杜绝病原菌的产生。

（2）栽培措施防治。主要从筛选抗病的栽培品种、优选原材料、制作优良菌种和创造有利环境条件等方面入手，选择地势干燥、通风良好、水源清洁、远离禽畜舍等污染源的场所做栽培场所，保证原料新鲜、干燥、无霉变。

（3）化学防治。将化学药剂通过喷雾、熏蒸、药剂拌料、局部涂抹、覆土拌药等方式对发菌场所、接种场所及菌种等进行消毒灭菌，减少病菌危害。

（4）生物防治。利用环境友好型的微生物菌剂、植物提取物防治病害。在实际生产过程中，常结合多种防治方法，形成配套的综合防治体系，才能提高防治效果，确保茶树菇的高产、优质、高效。

113. 茶树菇常用加工方法及保存方法是什么？

茶树菇干制是既经济又大众化的加工方法。干制技术指新鲜食用菌经过自然干燥或人工干燥，使含水量减少到13％以下的食用菌干制技术。茶树菇干制的处理方法是烘干或者晒干，烘干时温度先保持40℃左右，排湿后增加到60℃，整个烘干过程12～24小时。

少量茶树菇新鲜子实体，可在常温条件下迅速完成拣选、切根、分级包装等过程，再统一进行预冷和冷藏。大宗产品需在预冷后的低温环境下进行拣选、切根、分级包装等过程。一般食用菌产品冷藏温度为0～6℃。干制茶树菇常用保存方法是将干制后的茶树菇或直接密封装袋，或经稍稍回潮操作后密封装袋。

114. 茶树菇采收后的分级标准是什么？

适时采收是茶树菇获得高产的重要环节，也是保鲜、加工和干制的最初环节。一般情况下，选择商品价值高的阶段进行采收，即在茶树菇菌膜即将破裂而未破裂时应及时进行采收（彩图6-7）。根据茶树菇生长发育成熟程度、产品形式（干品，鲜品）和流通去向（内销，外销）的不同，其可分为如下几级。

（1）特级菇。色泽鲜艳，菌盖、菌肉肥厚，大小均匀，长短整齐，菌膜完好（未开伞），菌柄粗壮，近白色或浅棕色，具有浓郁的香味。

（2）一级菇。颜色稍淡，菌盖、菌肉较厚，长短不太一致，菌膜基本完好，菌柄较为粗壮，浅棕色，具有比较浓郁的香味。

（3）二级菇。菌盖稍开展，菌褶变为褐色，菌柄细长或弯曲，大小和长短不一致，菌膜部分完好，具有香味。

（4）劣质菇。扭曲，有病虫斑和污损，成熟过度。

115. 茶树菇反季节栽培要点有哪些？

茶树菇的春、秋两季常规栽培，一般在当季出不完菇，需要越夏和越冬，这样菌袋营养损耗较大，设施和资源利用不完全，增加了成本，而近些年反季节茶树菇市场销路好、价格高，夏、冬两季的反季节栽培应运而生。

（1）夏季出菇管理。茶树菇夏季出菇管理，是将春季未出完菇的菌袋，不进行越夏处理，使其在夏季继续出菇，或者将春末制袋接种、菌丝已长满料袋的菌袋，进行转色催蕾和出菇管理。夏季出菇管理主要是防高温。可在棚顶铺设隔热层，或在高温时向棚顶喷水散热，或安装喷灌系统降温增湿，在降温的同时也要注意通风换气，预防高温高湿引起茶树菇菌丝死亡和杂菌滋生。

（2）冬季出菇管理。茶树菇冬季出菇管理，是利用保护设施或加温措施增温保湿，将秋季未出完菇的菌袋，不进行越冬处置，让其在冬季继续出菇，或将秋末制袋接种、菌丝已长满料袋的菌袋，进行转色催蕾和出菇管理。冬季出菇管理主要是控制好温度。可利用冬暖式塑料大棚和黑膜塑料棚，如棚内温度不足，可在菇棚旁设加热设备进行人工控温，同时还要开设排气窗或通风口，保证菇棚内保温保湿和通风换气协调进行。

七、滑菇生产关键技术

116. 滑菇生长所需要的营养条件及常用配方是什么？

（1）营养条件。滑菇属木腐生菌，最适宜的氮源是蛋白胨、硝化甘油、硫铵和硝铵；最适合菌丝生长的葡萄糖浓度为3％，麦芽糖是滑菇子实体形成的良好碳源。生产上多用木屑为主料，添加麦麸、米糠或玉米面等作为辅料的栽培料。

（2）滑菇常用配方如下。

配方一：木屑100千克、麦麸20千克、石膏1千克。

配方二：木屑100千克、麦麸15千克、玉米面3千克、石膏1千克。

配方三：棉籽壳89千克、麦麸10千克、石膏1千克。

配方四：木屑33千克、玉米芯50千克、麦麸10千克、石膏1千克、玉米面3千克、豆粉3千克。

（3）配制栽培料注意事项。木屑应为经过自然堆积发酵的陈旧木屑，最好是粗木屑，如果木屑过细，培养基透气性不良，可混入粗木屑或10％的玉米芯、稻壳、秸秆粉。辅料所用的米糠应新鲜；米糠或麦麸的加入量最多不能超过25％，避免培养基黏性过大而透气性不良，易污染杂菌。

配制时先将各种原料混合均匀，按料：水=1：（1~1.2）的比例慢慢将水加入料中，混合均匀，使其含水量达到50％~60％。配好后用塑料覆盖30分钟，然后测定含水量，含水量适宜的标准是用手攥紧培养料，指缝间稍有水渗出，成团，上有裂痕，没散开，即可判断含水量已达到55％~60％。

117. 滑菇生长所需要的环境条件是什么？

（1）温度条件。滑菇属低温型、变温结实性菇类，菌丝在5～30℃之间均能生长，适宜温度为20～25℃，低于10℃时菌丝生长缓慢，高于30℃时菌丝生长纤细，32℃以上菌丝停止生长，在长时间35℃的高温下菌丝死亡。子实体在5～20℃均能生长，子实体原基分化的适宜温度为15℃左右，高于20℃时子实体不分化，生长不良，柄细，盖小，开伞早。5～10℃的低温下生长，滑菇产量低。出菇期应给予7～15℃的温差，促进子实体原基分化和生长（彩图7-1）。

（2）湿度条件。菌丝生长阶段培养基的含水量应为60%～65%，出菇期培养基的含水量应提高到70%～75%，空气相对湿度应提高到85%～95%。

（3）气体条件。滑菇属好气性真菌，但需氧量较小，对二氧化碳的忍耐能力较强。接种后在低温期菌丝生长缓慢，需氧量少。随着气温的升高，菌丝量的增加，需氧量增加，需要良好的通风条件；出菇期间，通风不良，菇蕾生长缓慢、菌盖小、菌柄细、易开伞，甚至不出菇。

（4）光照条件。滑菇发菌期和出菇期均需要散射光，原基分化期需要大量的散射光。一般出菇期要求300～800勒克斯的散射光。

（5）酸碱度条件。滑菇属喜弱酸性菇类，培养基适宜的pH为4.5～5.5。

118. 如何辨别滑菇菌种质量优劣？

滑菇菌种要求菌丝洁白、绒毛状，菌丝生长致密、均匀。早熟、中熟以及晚熟品种菌丝灰白、稍稀疏，菌种瓶（袋）内菌块上易产生白色斑块，手触菌块有弹性，用手掰成小块不易碎，菌块内外菌丝量一致，菌块断面呈黄白色，无杂色斑。菌龄50～60天，不老化、不萎缩、瓶（袋）底无积水。滑菇菌种有时在容器上有网状菌丝束，网中有黄褐色小斑点，菌丝块上出现黄褐色至红褐色色素沉淀，均属正常现象。

有条件的栽培者可进行菌种吃料能力鉴定，将滑菇菌种在无菌条件下接种8～10瓶（袋），在28℃条件下恒温培养7～10天，观察菌丝萌发时间和生长速度，如果发现异常现象，如菌种不萌发或萌发时间超过 48 小时、菌丝生长缓慢、菌丝生长不均匀等，均说明菌种质量有问题。

进行栽培出菇试验用于提前引种试种，然后再进行大规模栽培。

119. 滑菇的栽培方式有哪些?

滑菇的栽培方式有段木栽培、瓶栽、塑料包栽、块栽（箱栽，拖帘式栽培）等，其中使用拖帘式栽培方式简便易行，其他方式成本高，而且有一定的条件限制。

（1）箱式栽培及拖帘式栽培。箱式栽培及拖帘式栽培属半熟料栽培，配料后灭菌 3 小时。箱式栽培是在铺有塑料薄膜的箱中栽培，箱的规格为 60 厘米×35 厘米×10 厘米。拖帘式栽培与箱式栽培类似，是用秸秆做成帘，将培养料包在塑料薄膜中，放在拖帘上进行的栽培。此方法适宜在北方寒冷季节生产使用。

（2）塑料袋栽培及瓶栽。属熟料或半熟料栽培。塑料袋直径 15 厘米，长 55 厘米。瓶栽可用常规罐头瓶。

120. 滑菇适合什么季节生产?

如果选择室外栽培，在四季明显，或有较长时间的 5～18℃ 稳定温度条件的地区都可进行滑菇生产；但如果是工厂化栽培，因为可以人工控制温度，其可栽培地区就不受限制了。

北方地区室外栽培多为春种秋收，一年一茬。1—3 月，外界气温在 -10～-3℃ 即可播种。因此，应提前 50～60 天制作栽培种。4—7 月发菌，8—9 月待气温降到 20℃ 以下时开始出菇，10 月上旬为出菇盛期，11 月中下旬出菇结束，采收期 2～3 个月。

滑菇属于低温结实性菌类，故在南方地区应选择冬季栽培，如在福建中西部地区，适宜的出菇期为 11 月下旬至 3 月中旬，采用 17 厘米×33 厘米规格的聚丙烯塑料袋栽培，制袋接种时间为 7—8 月。

121. 滑菇的栽培品种类型及具体的栽培品种有哪些?

滑菇分极早生、早生、中生、晚生品种，选择什么样的菌种要根据当地的气候条件和菌种特性来选择。在温度高的地区因高温期长，应选择晚生品种；在低温地区应选择中生、早生或极早生品种。

（1）极早生种。出菇温度为 7～20℃，适于春夏季节栽培。如西羽、C3-1、森 15、CTE 等。

（2）早生种。出菇温度为 7～18℃，如澳羽 3 号、澳羽 3-2 等。

（3）中生种。出菇温度为 5～15℃，如澳羽 2 号、河村 67 等。

（4）晚生种。出菇温度为 5～12℃，目前品种很少。

122. 滑菇接种有哪些要求和注意事项？

待接种的菌棒料内温度必须低于 20℃，接种空间温度在 5～15℃范围内进行无菌接种。其他接种要求和注意事项如下。

（1）接种用具及处理。菌种要用 0.1％的高锰酸钾提前进行清洗并去除接种点老化菌种，打孔棒及塑料箱都要提前用 0.1％的高锰酸钾清洗消毒。

（2）环境消毒。当前生产中使用的空间消毒剂为气雾消毒盒，基本用量为每立方米空间用 4～6 克。把消毒盒中的消毒剂集中取出放在耐热不燃烧的铁质盆、桶或瓦盆中，用火点燃至消毒剂放出烟雾，消毒人员应迅速离开接种室或接种帐，并注意封闭好接种室或接种帐。待接种空间中的烟雾完全自然消散，约 3 小时后，接种人员把接种帐一侧边角打开，散发内部气味，直至人进入接种空间内没有明显的刺鼻、刺眼、咽喉部干涩等不适感为宜。

（3）接种人员。要求接种人员全身穿戴提前消毒好的衣服，最好是专用的接种服，并配医用胶手套和防毒口罩。接种人员通常 5 人为一组，分工操作，一人打孔，三人接种，一人摆袋。

（4）接种要求。一次接种量不可超过 3 000 袋，接种一次性完成，时间越短越好（通常不超过 3 小时）；接种人员要紧密配合，动作迅速，掌握操作要领，即菌种要在最短的时间内接入菌种穴内，菌种以锥形块状为佳，尽量减少菌种穴在空气中暴露的时间，减少空间内的杂菌侵入污染。

123. 滑菇栽培如何进行蒸料、出料和包料？

（1）蒸料。蒸料前把锅内清扫干净，锅内添水达屉下 30 厘米。

把水烧开后，先在帘上铺 3～4 厘米厚的料，以后见有上气处就撒一锹料，直到填至距锅桶上沿 10 厘米处，覆盖薄膜加盖封严。上气维持 2～3 小时即可出料。

（2）出料、包料。出料前各种用具如方锹、托帘、木模、盆、塑料布都要事先洗净，用 0.1％高锰酸钾或 0.2％煤酚皂溶液浸 1 小时消毒。锅台前后扫净。出料时打开出料口，一个人用方锹出料，两个人张开塑料布接住，随即扎住。每包料重 4 千克左右，出料动作要快，避免感染杂菌，出料温不低于 70℃。包好倒扣在秸秆帘子上或箱中冷却。冷却室要事先清洗干净，消毒。箱和拖帘的规格为 60 厘米×35 厘米×10 厘米，底部要有适当的空隙以见光，促进成熟菌丝尽早原基分化，空隙不大于 2 厘米，箱和拖帘表面应光滑，以免扎破塑料薄膜。

124. 滑菇发菌期如何管理？

（1）发菌前期的管理。3 月初接种后菇房温度应保持在 10℃左右。不需要经常通风，每周中午开门、窗通风 1～2 次，每次 1 小时；当外界气温升高时应加强通风，每天中午通风，调节菇房温度在 15℃以下。以防杂菌污染，菇房空气相对湿度保持在 70％～75％。同时要给予一定的散射光（彩图 7-2）。每 15 天倒垛 1 次，检查发菌情况，淘汰被杂菌污染的箱或帘，并进行药剂处理。

（2）发菌后期的管理。发菌后期气温升高，应打开风窗通风，菇房温度保持在 20～25℃，以提高菌丝酶的活性，增强菌丝的分解吸收能力。菌丝经过 4～5 个月的培养，充分成熟，吸收和积累了较多的营养。此时菌砖表面出现橙褐色至锈褐色的菌膜，有光泽，用手按有弹性、有香味。菌膜是在光照略强、温差存在的条件下，菌体分泌物干涸后与表面菌丝结合而成。菌膜形成不好的菌砖应放在温差大、光照强的地方促进形成。为了便于双面出菇可将菌砖翻转，使菌砖的底部表面也形成菌膜。外界气温高，不利于出菇，滑菇发菌必须在 30℃以下、通风条件良好的环境中越夏。

125. 滑菇的出菇方式有哪些？

当滑菇菌丝已长满整个培养袋并逐渐转为浅黄色，这说明滑菇菌丝已达到生理成熟，可以进入出菇模式。滑菇的出菇模式有两种：一是层架式出菇，二是码垛出菇。

（1）层架式出菇。滑菇出菇棚与层架式香菇的出菇棚相同，割掉菌袋上面 2/3 的塑料，上架单层摆放。上水使用旋转喷头，使菌袋含水量达到 70%～75%，棚内空气湿度达 85%～90%，15～20 天可出现菇蕾（彩图 7-3）。

（2）码垛出菇。用已消毒的小刀割开菌袋两端，露出培养基，把菌袋摆成"井"字形，每层 2 袋或 4 袋，垛高不超过 1 米。休菌 24 小时后可进行喷水管理，用旋转喷头上水，使菌袋含水量达到 70%～75%，增加棚内空气湿度达 85%～90%，15～20 天可出现菇蕾。出菇后要减少喷水次数，以少喷水为原则，调节空气相对湿度为 80%～85%。另外要加强棚内通风，以满足子实体的生长需要。出菇开袋前用石灰对棚内地面和棚架进行消毒，棚外安装防虫网，棚内安装黑光灯、黄板等，经常通风，防止病虫害的发生，但严禁使用任何农药。

126. 滑菇栽培催菇的条件及方法是什么？

催菇即促使滑菇的原基分化，滑菇原基分化的条件是 7～15℃ 的温差、足够的散射光，含水量达到 70%～75% 的培养基和空气相对湿度达到 85%～95% 的环境。

（1）主要措施。打包、划面、喷水、降温。

（2）催菇目的。便于水分、空气渗入，提高培养料的含水量，降低温度，以利于原基分化。

（3）催菇方法。脱去菌砖外包着的塑料薄膜，用锯条、刀、铁钉等制成小耙，在菌膜上划出边长 2～3 厘米的小方格，深度依菌膜厚度而定，锈褐色较厚的菌膜划痕不浅于 1 厘米，表面发白的菌膜较薄，要浅划。然后将菌砖放入培养架上，用喷雾器及时喷水，逐渐提高菌砖的含水量，最终达到 70%～75%；初期喷水不宜过多，每天喷水 3～4 次，保证菌砖的底部和表面不存水，以免菌砖感染杂菌腐烂；水温以 10～15℃ 为宜，也要向空间、地面多喷水。同时保证通风降温，保持 7～15℃ 的温差；给予足够的散射光。

127. 滑菇出菇期应该如何管理？

经过打包、划面、喷水、降温后约 30 天可出现原基。此时停止向菌砖喷水，保持培养基含水量在 70％左右，每天向空间、地面喷水 2～3 次，保持空气相对湿度 85％～95％。白天气温保持在 20℃左右，夜间 12～13℃。出菇期提供 300～800 勒克斯的散射光，促进转色（彩图 7‐4）。如果通风窗少或培养架的上、下层受光少，则会造成菌盖小、色淡、开伞早、菌柄细的情况，产量降低。因此要注意调节光线，合理管理光照度。

128. 滑菇出菇房为什么要经常换气通风？如何设计有利于通风？

首先菇房应选择建在地势高燥、排水方便、周围环境清洁而开旷、远离鸡棚、仓库及饲料间，近水源、并有堆料场地的地方。菇房的方向最好是坐北朝南（东西横向）。这样有利于通风换气，又可提高冬季室温，避免春、秋季节干热的西南风直接吹到菌床，并可减少日晒。为了便于管理，新建菇房的面积不宜过大或过小，菇房过大通风换气不均匀，温湿度难以控制，杂菌、病虫容易发生和蔓延；菇房面积过小，则利用率不高，成本高；一般每间菇房栽培面积以 160～220 米² 为宜。设置 5 层床架的菇房，从地面到屋檐为 2～3 米，屋顶高度以最上层床面到屋顶的屋脊 2 米为宜，以利通风换气。菇房长约 9 米，进深以 6～7 米为宜；过深菇房中部通风不良；过浅则利用率不高，而且不利于保湿。菇房的墙壁、屋面要稍厚些，可以减轻气温突然变化对蘑菇生长的不利影响；一般墙厚 30～36 厘米。地面和四壁宜光洁、坚实，最好用石灰粉刷，以防害虫躲藏。所有漏风处要堵塞，利于消毒和保温、保湿。利用菇房为食用菌的生长创造适宜的环境条件，在新建菇房时，必须根据食用菌对环境条件的要求，慎重考虑，周密设计。菇房要求通风换气良好，保温、保湿性能好，冬暖夏凉，风吹不到菌床上。室内不易受外界条件变化的影响，便于清洗；有利于防治杂菌及病虫。

具体设计原则如下。

（1）空间比例。空间比例是指菇房内空气流通的空间与菇床面积之比。理想的食用菌生长发育的空间比例应为 5：1，空间比例过小，无法及时排出蘑菇生长时所产生的二氧化碳和其他废气，易造成幼菇死亡或形成畸形菇而减产；空间比例过大，菇房不易保温和保湿。

（2）屋顶斜度。如果菇房屋顶斜度不够，屋顶凝结水下滴造成上层菇床堆肥过湿，影响出菇和产量。合理的屋顶斜度应是屋顶三角架的高与菇房的宽度之比为 1：4.73。

（3）单元面积。蘑菇工厂化生产的菇房出菇面积一般在 500 米^2 左右。我国的蘑菇栽培方式绝大部分是在自然条件下一年栽培一茬，单间菇房的栽培面积要考虑当地气候条件、栽培操作和鲜菇销售等因素。根据目前实际情况，单间菇房的栽培面积以 200～250 米^2 为宜。

（4）保温性。菇房一方面要防止热气外流（如培养料后发酵），另一方面要防止外面冷热空气侵入，故要求保温性能好。

（5）密闭性。菇房的门窗设计要做到开能放、关能闭。开能放可保证菇房内的废气和多余热量及时排出，关能闭可使菇房保温、保湿，防止害虫侵入。

（6）通气性。既要使菇房内的废气及时排出，又能使外界新鲜空气迅速进入，因此，菇房要求开设地脚窗和屋顶气窗。

（7）安全。菇房长期处于潮湿的环境之中，又要承担每平方米70～80 千克培养料和覆土的重量，所以菇房和床架要搭建牢固。菇房地面要整平，最好铺设水泥地，柱脚架必须垫平，避免在软质沙土上搭建；要采用成熟毛竹或硬质木作为菇架材料；用电设备要请专业人员科学安装。

129. 滑菇夏季出菇应注意哪些事项？

7—8 月高温季节来临，滑菇一般已形成一层黄褐色蜡质层，菌棒富有弹性，对不良环境抵抗能力增强，但温度超过 30℃时，菌棒内菌丝会由于高温及氧气供应不足而生长受阻或死亡。因此，此阶段应加强遮光度和昼夜通风，棚顶上除打开天窗或拔风筒外，更应安装遮阴网或喷水降温设施。并且在所有通风口处安装防虫网，防止成虫飞入或幼虫危害，棚内悬挂诱杀虫板。

130. 滑菇北方半熟料栽培避免污染的基本原则是什么？

滑菇在半熟料栽培过程中影响产量和质量的主要问题是污染，这一问题常给菇农造成一定的经济损失，甚至绝产。由于半熟料栽培的原理是利用短时间的高温将培养基中大部分杂菌消灭和使少部分杂菌受到抑制，在栽培盘培养过程中创造一个有利于滑菇菌丝体发育、而不利于受抑制杂菌恢复的条件。要创造这个条件，在气候、环境、培养基营养均适宜的情况下，温度控制尤为重要。在温度管理上应把握住以下几点原则。

（1）压制栽培盘的适宜温度在 6～10℃；

（2）培养栽培盘堆内的适宜温度是 15～20℃。

（3）气温 25℃时，将阻止增温措施和通风降温措施结合起来控温。

（4）气温 30℃时，将增加热量阻隔、通风降温和浇水措施结合起来控湿。

131. 滑菇生产的常见病虫害及防治方法是什么？

（1）常见病害。主要有由绿色木霉、青霉、根霉、红曲霉、黄黏菌、胡桃肉状菌等霉菌引发的真菌病。

（2）常见病害预防措施。①切实搞好环境卫生，做好菇棚、地面、工具、器具消毒；②严防培养料带菌，必须做到灭菌彻底和无菌条件接种，接种时必须在低温、无菌条件下进行。发菌时适温培养，最高不超过 25℃，并加强通风；③菌种使用具有旺盛生命力的适龄良种，凡退化种、老化种、杂菌污染种均应淘汰；④培养料中，按比例添加麦麸、石膏等营养物，不宜过量；⑤对出现病害的菌袋，不提倡使用农药，可通过温度、湿度及通风调节来控制，当病害面积超过2/3，并且较严重时，可进行掩埋或发酵用于生产草腐菌。

（3）常见虫害。主要有菇蝇和菇蚊等。

（4）常见虫害防治措施。①搞好环境卫生，菇根、烂菇及废料要及时清除，并远离菇棚；②菇棚门窗安装防虫网，防止成虫飞入，杜绝虫源；③菇棚内经常撒石灰粉，灭菌杀虫；④出菇以后只能使用生物制剂或采用黑光灯、黄板、防虫网、灭蝇灯等诱杀办法除虫。

132. 滑菇采收有哪些注意事项？菇品如何分级？

（1）采收方法。采收前一天停止喷水，采收时手指轻捏菇根，轻轻采下。大小菇 1 次采收完，否则不便于管理。采后可在 5℃下保存 1 周。采收后及时清理培养料面，拔除残根，2～3 天后喷 1 次清水，然后盖上薄膜保湿，进行下一次的出菇管理。

（2）分级标准如下。

一级品：不开伞，菌柄长 2 厘米以内，自然色泽，菇体鲜嫩不老化，无杂质，无虫。

二级品：半开伞，其他要求同一级品。

等外品：全开伞，菌柄长于 2 厘米。

133. 滑菇采收后如何盐渍？

（1）分级。根据企业收购质量和规格进行分级去柄，一定要去掉老化根，去根部分一定要整齐，同时要把不同规格的菇单独分出，不可混在一起（分级要清）。

（2）清洗。用清水洗净滑菇携带的杂物（培养基、树叶等），洗净后放到竹筛上除去多余的水分（清洗要净）。

（3）杀青。杀青的目的是杀死菇体组织，便于盐分进入。将滑菇分批少量放在 10％盐开水中，用竹、木器轻轻翻动，水开后经 2～3 分钟后捞出，一次放入量以菇体刚刚浮起满水面为宜。此环节重点在于要煮透，如果杀不死菇体细胞，盐分不能进入菇体组织中，易造成菇体腐烂，不易贮存，出成品比例降低（杀青要透）。

（4）镇凉。将杀青好的滑菇捞出后放在冷水中冷却，可多换几次冷水。当滑菇菇体完全凉透后（判断标准是用手撕开菇体放在眼皮上感觉到凉），捞出放在筛子上滤去水分到水不再滴落（镇凉要透）。

（5）盐渍。共分两次进行，第一次盐渍所用的盐应符合食用标准，切不可用工业盐或无碘盐，盐渍容器可用缸、菇桶或在空闲地上挖池子，用塑料布围起来作为盐渍容器。盐渍时先在容器底部铺 2 厘米厚的盐，按 1 千克滑菇加 0.5 千克盐的比例充分混拌均匀后装入容器内，最上层用盐封严，四周不要留空隙，盐渍 15～20 天。第二次盐渍的目的是进一步提高盐渍效果以利保管。另准备好盐渍容器，底层放 2 厘米厚盐，仍然采取一层菇一层盐的办法进行盐渍。如果第一次拌的盐全部溶解，再添加 15％重量的盐，其他操作同第一次盐渍。经 15～20 天后可开始分装。两次盐期要达到 35～40 天（此环节关键重点是盐量要足、盐期要够）。

八、银耳生产关键技术

134. 如何鉴别银耳机械化装袋的好坏？

银耳栽培从最初的段木栽培方式，发展到代料栽培模式，再由手工装袋升级到机械化装袋，出耳成本降低的同时，提高了银耳的产量和质量。银耳机械化装袋一般采用不同于手工装袋的聚丙烯栽培袋，因为聚丙烯栽培袋较聚乙烯栽培袋更加耐高温高压，这是鉴别机械化装袋好坏的第一关。第二关是栽培料质量，银耳对栽培料的质量十分敏感，尤其是木屑的选择，必须选用新鲜、干燥的木屑。第三关是菌包表面，银耳机械化装袋中必须保持操作台面的干净整洁，不能残留木屑在菌包的表面。第四关是接种穴口，银耳装袋完成需用专用的食用菌胶带粘贴接种穴口，若有条件，可以使穴口面尽量平整，保证胶带盖住接种口。

135. 银耳与常规食用菌出菇管理的主要区别有哪些？

银耳出菇需要银耳菌丝和香灰菌丝相互配合才能顺利进行，这也是与常规食用菌最大的区别。银耳接种后，菌包或菇木上最先生长的是香灰菌，接着银耳菌丝开始生长并在基质内蔓延，在接种块区域扭结形成银耳原基，并逐渐形成一团黄褐色半透明胶粒，逐步分蘖展片，最终形成成熟的银耳子实体。银耳的出菇管理一般分为菌丝生长和子实体发育两个阶段。

（1）菌丝生长期管理。这一阶段需要 12～15 天。温度控制视摆放情况及能否控温而定，但室温控制在 25～30℃为宜，切勿高于30℃，及时关注菌袋的温度变化，避免烧菌。菌丝生长中期，可将温度适当调至 25～26℃，空气湿度控制在 60%～70%，促进菌丝粗壮生长。

（2）原基分化期管理。依据不同银耳种质，原基发生一般在接种后 13～18 天，为促进原基分化及生长，管理需要注意以下几点。

①开孔增氧。有利于香灰菌菌丝生长，促进银耳菌丝粗壮及原基有效生长。开孔增氧的具体时间视菌丝生长情况而定，一般为接种后 8～10 天，开孔增氧后需注意控制湿度，切勿将水滴入开孔位置，造成原基枯萎死亡。

②撕开胶布及扩孔。在开孔增氧约 4 天后，接种穴之间出现"白毛团"，为促进菌丝分化，室温可降至 20～30℃，相对湿度提高到 80%～85%。此时为防止水滴对"白毛团"的影响，将接种穴朝下翻转。随着"白毛团"的进一步扩大，以接种穴为中心，挑去部分薄膜，有利于耳基与新鲜空气接触，满足银耳分化阶段对氧气的需求，刺激原基进一步生长。此时温度一般控制在 23℃ 左右，切勿高于 25℃；湿度一般控制在 90% 左右。而温度和湿度的配合，是后期出菇的关键。另需注意的是保持菇房内空气流通，及时补充新鲜空气。

③幼耳期管理。接种后 20～28 天，开始出现幼耳，此时为达到出菇整齐、幼耳健壮的要求，温度需要适中，室温应控制在 23～25℃，超过 25℃，会出现耳片变薄，甚至是烂耳的现象；湿度一般控制在 80%，若低于 75%，则幼耳萎缩；高于 85%，则展片过早，耳片不均匀；适当控制氧气含量，增加通风，可防止烂耳症的发生。

④成耳期管理。接种后约 28 天至采收为成耳期。这个时期最重要的是促进耳片展开及银耳朵形塑形。此时一般温度控制在 25℃，保证银耳朵形较好、耳片较厚、产量较高；湿度一般控制在 95% 左右，尤其是银耳直径到 5 厘米后，更需注意保湿。强化通风增氧，子实体生长期间，因菌丝生长旺盛，需要消耗大量氧气，通风增氧可有效预防烂耳的发生。有条件的菇房，可以给足够的散射光或白光，增加菇房内的光照度，使银耳的耳片加厚，色泽白亮。

136. 如何选择银耳栽培方法及栽培料？

银耳栽培方法包括段木栽培、代料栽培和瓶栽。除部分银耳种植传统区域外，已罕见段木栽培。银耳栽培初期，曾短暂地出现过瓶栽银耳，但因其质量和产量参差不齐，遂被代料栽培模式取代。目前，为了满足银耳工厂化生产的需求，实现完全工厂化栽培银耳，瓶栽专用型银耳工程菌株的培育已逐步提上日程，部分科研机构已经初步掌握了银耳瓶栽工程菌株的制种技术。但目前代料栽培仍是银耳最主要的栽培方法，且已经形成了成熟的、规范化的栽培生产模式。

（1）段木栽培方法。栽培料主要是段木，我国适合段木栽培的树种十分丰富，包括麻栎、枹栎、赤杨、枫树、枫杨、相思树、大叶合欢、悬铃木、大叶桉、榆树等。

（2）代料栽培方法。栽培料的选择比较广泛，目前大部分的代料栽培主要是使用棉籽壳（质量占菌包总重80％左右），辅以麦麸或黄豆、石膏等；木屑栽培料，可选择木屑（木油桐、青冈栎、麻栎、相思树、桑树等）、麦麸、蔗糖、石膏等，其中木屑占比可达77％；甘蔗渣栽培料，可选甘蔗渣（71％）、麦麸、黄豆粉、石膏等；玉米芯栽培料，可选玉米芯（70％）、麦麸（25％）、石膏粉、蔗糖、黄豆粉、硫酸镁、磷酸二氢钾等；亦可玉米芯（40％）、棉籽壳（40％）、麦麸、石膏粉、尿素等。

137. 银耳栽培需要注意哪些环境因子？

银耳栽培环境因子一般包括温度、光照、湿度、气体、病虫害等等。在银耳制种期间，不需要光照，温度控制在25℃左右，湿度50％左右即可；发菌阶段，不需要光照，温度控制在25～30℃，空气湿度控制在60％～70％，需增加氧气或新鲜空气；出耳阶段，温度控制在24～26℃，空气湿度约95％，强化通风增氧；采收阶段，温度控制在25℃左右，空气湿度50％左右；病虫害防控采取预防为主、防治结合的方式，主要针对空气、加湿设备、通风设备进行维护，保证菇房的相对洁净。

138. 银耳设施化栽培的关键节点有哪些？

银耳设施化栽培的关键节点包括菌种生产、菌丝培养、出耳期管理、银耳采收等各个方面。菌种生产方面，银耳菌丝与香灰菌菌丝混合需适当，培养环境温度控制在 23～25℃，空气湿度控制在 50% 左右，原种含水量控制在 65% 上下，栽培种含水量则需控制在 65%～70%。菌丝培养阶段，初期室温控制在 25～30℃，且不能高于 30℃，以防烧菌；中期室温控制在 25℃左右，空气湿度控制在 60%～70%，以防杂菌滋生；每天通风 1～2 次，每次约 30 分钟，保证氧气充足。出耳期管理，原基形成时需开孔增氧，刺激原基形成，室温保持在 25℃；接种点现"白毛团"时，室温需下降到 20～23℃，相对湿度提升至 80%～85%，待接种点出现茶褐色水珠后，向下翻转菌棒，温度调升至 25℃。原基分化时需扩孔增氧，温度控制在 23℃左右，但不能高于 25℃，湿度控制在 90%。幼耳期温度需控制在 23～25℃，湿度控制在 80% 为宜。采收期温度控制在 25℃，空气湿度降低到 60% 左右。

139. 常见的银耳病害及防治对策是什么？

（1）在生产上常见的杂菌中，感染段木的主要有棉腐菌、裂褶菌、木霉等；危害子实体的，主要有青霉、木霉、织壳霉（俗称白粉病）、红酵母等（彩图 8-1）。其中以织壳霉最常见，危害最严重，发病的耳片形成一层粉状物，并使子实银耳体僵化。防治上以抓好栽培场所的清洁卫生和通风换气为主；对发病严重的子实体应及时摘除，然后再喷石硫合剂进行控制。耳木被其他杂菌污染应及时刮除刷洗，然后用石灰水消毒，置阳光下晒 1～2 天再恢复管理。

（2）病虫害防治常见的害虫有线虫、螨类、菌蝇、蛞蝓等，其中线虫是引起烂耳的主要害虫，侵害耳基使耳片得不到营养而腐烂。在预防上，用水要干净，防止水中带有线虫，段木勿沾泥土，防止土中线虫入侵。对已发生的烂耳，应及时刮除，并用清水刷洗，防止蔓延。药物防治可用 1% 醋酸或稀释 4 倍的醋，或 0.1%～0.2% 敌百虫喷射耳木，均可以抑制线虫的繁殖。螨类也是银耳的主要虫害，繁殖极快，常蛀食菌丝和耳根，发生后，应用 0.5% 的敌敌畏喷洒耳场并用 1∶800 的 20% 可湿性三氯杀螨砜浸湿耳木（浸后立即取出）或喷湿耳木进行防治。

140. 银耳农法栽培和工厂化栽培有什么区别？

银耳农法栽培和工厂化栽培的区别主要体现在银耳的品质和银耳的安全性两个方面。在品质方面，农法栽培的银耳较工厂化银耳的"叶片"较大，且紧实度较低，银耳普遍表现偏大；据初步调查结果发现，农法栽培银耳的总糖含量较工厂化银耳高，而工厂化银耳中钙的富集较高。安全性方面，工厂化银耳采用环境条件可控的养菌室和出菇房（彩图8-2），较农法栽培其安全性更高。

141. 银耳采收难点是什么？

银耳采收的难点在于控制与判断银耳的品质。银耳成熟的标志是耳片全部展开、中部没有硬心、叶片舒展如菊花状或牡丹花状，触摸有弹性、略带黏腻感，银耳成熟即可采收。银耳采收时朵形大小一般在10厘米左右，重100~200克。采收是否适时，对银耳的品质和质量均有影响。采收偏早，银耳菌片展开不充分、朵形小、耳花紧实不松散、产量低；采收偏迟，耳片薄、且耳片多糖成分明显减少，失去弹性、光泽度较差、耳基发黑、品质较差。

142. 银耳烘干技术的关键点是什么？

银耳烘干一般采用温控烘干箱烘干的方式。该方法干燥速度快，一般经14~16小时即可烘至足干。鲜耳含水量一般在80%以上，脱水时，先将银耳以耳片向上的顺序排放烘筛上，送入烘干室（彩图8-3）。始温控制在30~45℃，并加大排气阀，持续45小时；待耳片水分降到25%

视频5　银耳接种、烘干

左右时，将温度提高到50~60℃，持续5~6个小时；当耳片接近干燥，仅耳基尚未全干时，可将温度降至35~40℃，并减少排气，直至全干。在烘烤过程中，要特别注意温度，如前期温度过高，水分排出过慢，烘干后则银耳颜色变黄；后期温度太高，则易烤焦。

143. 银耳耳基如何利用？

银耳一般在采摘后，需要剔除耳基后加工。绝大多数的耳基均作为废料丢弃，但是耳基可以收回与废菌棒混合发酵；亦可挑选干净的耳基用于酱油的制作等。

144. 银耳废菌棒该如何处理？

银耳采摘后，废菌棒大多丢弃，既污染环境，又浪费资源。现阶段，诸多工厂以废菌棒为燃料，可节省煤炭资源的使用。但更优的处理方式是脱袋后，堆沤成有机肥，施于果园、菜地，既提高果蔬品质，又节约种植成本。

145. 银耳生产管理应该注意哪些方面？

银耳生产管理，首先应该关注菌种质量，尤其是银耳菌丝、香灰菌丝的生理状况；其次应该注意把控银耳与香灰菌混合接种后的生长时间；第三应注意银耳接种、养菌、现蕾、出菇、采收阶段的温度、光照、空气湿度、通风等条件；第四应严格控制银耳烘干过程的温度，以防银耳变色严重或烤焦。

146. 银耳接种点感染杂菌，该怎么处理？

银耳菌袋被杂菌污染（彩图8-4），对老菇区来说是一个老问题，主要原因是由于老菇区污染袋处理不好，空间杂菌孢子数不断增加，而且杂菌抗逆力也越来越强。具体分析，引起菌袋污染的主要原因有4个。

（1）基质酸败。原料霉变未做处理，杂菌潜伏料内；加之配料含水量偏高，装袋时间拖长，引起基质酸败，为杂菌滋生提供条件。

（2）料袋灭菌不彻底，给杂菌在料内存活的机会。

（3）塑料袋质量差、针孔多或因料袋操作不慎将袋壁刺破，使杂菌有孔可钻。

（4）接种时无菌操作不严，"病从口入"。上述原因都会造成菌袋成品率不高。

147. 银耳耳基变黑的原因是什么？

黑蒂发生的原因是发菌阶段室温超过 30℃，菌温、堆温骤升，菌丝难以适应，分泌出黑色素，从穴口流出；或因扩口、划线时间拖延，袋内菌丝生理成熟，严重缺氧，新陈代谢被抑制，到扩口时虽能长出子实体，但耳基逐渐变黑；或受头孢霉杂菌侵染，基内形成黑斑点病状。

148. 银耳幼耳为什么会出现脱落或烂耳现象？

栽培中常见幼耳只结实不展片，稍动就脱落，耳基无菌丝或只有很少菌丝，培养基木屑变黑潮湿，部分有白色针状肉质竖立的现象；成耳霉烂变绿色或褐色，呈黏糊状。这 2 种现象多因被螨虫传播危害，或因水质不净，带有杂菌，子实体喷水后引起耳片污染。烂耳根或烂耳形成的原因是培养料 pH 偏高或偏低，空气湿度过大，银耳受绿色木霉侵染。

149. 银耳白筒是什么？

常发生在接种后 7～10 天进入发菌期时，菌袋表面白色菌丝走势稀疏纤弱，香灰菌丝不明显，俗称白筒。白筒直接影响出耳，有的幼耳长到棉塞大小时停止生长。其原因主要有以下几种。

（1）制袋期气温过高，配料装袋量过大，料袋上灶时间拖长，有的过夜上灶，引起培养料酸变，pH 降至 4～4.5，菌丝无法正常吸收分解养分。

（2）料袋灭菌没透心。接种后前期菌丝可以生长，进入中期伸入袋内后，难以分解吸收未透熟的培养料，以致生长停顿，香灰菌丝也就无法分泌色素，变成白筒。

（3）料袋排场散热没到位。尤其是底层料袋密集于室内，散热慢，如袋温尚未降至 30℃ 以下就进行接种，极易导致菌种受热灼伤，致使发菌时菌丝长势不良。

（4）发菌叠袋过分密集，室内通风不良，严重缺氧。有的发菌室小，菌袋堆集过密不透气，菌丝增殖困难。

（5）发菌期遇低温，但没及时人工加温，袋内香灰菌丝不适应低温环境，发育缓慢。

150. 银耳栽培常用栽培料是什么？

一般用莲子壳或板栗木、桑枝等有一定附加值的木屑栽培银耳。据初步调查，莲子壳栽培的银耳在钙、镁、铁等元素的含量上略高于农法栽培的。另外，银耳栽培也可以用玉米芯、甘蔗渣、桉树木屑、桑枝、果树等农林枝材，在条件合适的情况下，亦可产出高品质银耳。

九、秀珍菇生产关键技术

151. 秀珍菇与平菇等侧耳类食用菌有什么差别？

秀珍菇，肺形侧耳，亦称袖珍菇，其别名众多，又称印度鲍鱼菇、环柄侧耳、美味侧耳、味精菇等。因子实体质地脆嫩细腻、口感爽滑、风味独特，并富含优质菌体蛋白、多种多糖物质和人体必需氨基酸及多种微量元素而深受消费者喜爱。

秀珍菇是20世纪90年代由我国台湾农业试验所通过改进栽培工艺而开发成商品化生产的。最先由台湾商人于1988年引种进入福建省罗源县，试栽培后推广开来。秀珍菇形态受环境影响和栽培工艺影响较大，因此其分类地位难以确定，从1821年（Fries）到1961年（Singer）共有25次定名。在较长一段时间内名称杂乱众多，致使同种异名和同名异种的现象严重，许多菌种销售单位将从栽培场或市场上购买的子实体进行组织分离后，冠以自编菌名即用于出售；或者是将一些在朵形上与秀珍菇较为相似的侧耳属食用菌品种，例如凤尾菇、日本小平菇（日本鲍鱼菇）、姬菇等菌株冠以"秀珍菇"的菌名出售。所以，业内有真秀珍菇和假秀珍菇的区分。

关于秀珍菇菌株遗传定位的描述，我国最早的研究来自上海市农业科学院食用菌研究所的郭力刚等人，他们认为秀珍菇又名印度鲍鱼菇，别名环柄斗菇；并对分别引自美国、法国、印度和中国台湾省的共8株秀珍菇菌株进行了随机扩增多态性DNA标记（RAPD）检测分析，发现8株菌株存在较大的遗传差异，但并没有继续证明它们的"生物学种"或"分类学种"的分类地位。张金霞通过对引自加拿大、美国的肺形侧耳和我国台湾省的秀珍菇菌株分别与我国其他地区栽培的凤尾菇菌株进行交配反应、拮抗反应、酯酶同工酶谱、RAPDs 图谱的检测分析，确认了引自加拿大、美国的肺形侧耳和我国台湾省的秀珍菇菌株完全相同，与凤尾菇之间应为同种间的不同品种，二者的差别仅为品种或菌株水平的差异。王波撰文认为秀珍菇在分类学上属于肺形侧耳。

152. 同属一种的秀珍菇与凤尾菇为何差异很大？

现在研究已探明秀珍菇的生物学分类地位，其与凤尾菇是同属于肺形侧耳种下的不同品种。但秀珍菇的商品特性总体上优于凤尾菇，其子实体味道鲜美、质地脆嫩、易于烹调，深受消费者欢迎。

凤尾菇曾在我国的南方地区比较受消费者喜欢，其子实体口感脆嫩，较多单生，叶片开展呈扇形或凤尾状，故被冠名凤尾菇。主要采用稻草加麸皮的栽培基质搭配进行半生料栽培，但由于当时无冷链设施，贮存时间很短，不易市场化，故栽培量逐渐萎缩。

现在"秀珍菇"的名称来自 20 世纪 90 年代我国台湾的商品名，但关于"秀珍菇"这个商品名的来源在台湾有多种不同说法。无论如何，作为一种称呼，"秀珍菇"已经被市场认可。

现在的秀珍菇应该是 20 世纪 80—90 年代由我国台湾农业试验所通过改进栽培工艺，实行小菇体栽培模式而开发成的商品化产品。在栽培工艺上改进为以木屑加麸皮为栽培基质的熟料栽培模式，在子实体形状上以菌柄直长、菌盖平整且直径不超过 5 厘米为标准，形态优美，可迅速被市场消费者接受（彩图 9 - 1）。

153. 目前国内秀珍菇主栽品种有哪些？

秀珍菇在栽培上具有独特性，经过广大科研工作者和栽培者 5～6 年的摸索，已基本了解和掌握了秀珍菇品种的生物学特性，建立了一整套秀珍菇生产栽培工艺，并迅速推广，使得其栽培面积迅速扩大。但是其种质资源以前主要依靠我国台湾引种，因此，近年内地科研院所也相继开展了秀珍菇的新品种选育，并选育出几个经国家和省级认定的新品种。主要有以下品种。

（1）秀珍菇 5 号。国品认菌 2008026，沪农品认食用菌（2004）

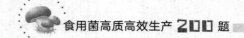

第077号，上海市农业科学院食用菌研究所选育。

特征特性：子实体单生或丛生，多数单生；菌盖呈扇形、贝壳形或漏斗状，菌盖生长初期浅灰色，后呈棕灰色或深灰色，成熟后变浅呈灰白色，直径2～5厘米；菌柄白色、偏生，柄长受二氧化碳浓度影响；菇形好，产量高。

产量表现：生物学效率为60%～70%。

栽培要点：①培养基以木屑或稻草为主，菌丝生长适宜偏酸性环境。②菌丝体生长阶段不需要光照，子实体生长温度范围10～32℃，适宜范围20～22℃，高于25℃时菇蕾生长快，易开伞。③建议在黄河以南以及有一定设施条件的地区反季节栽培。

（2）秀珍菇农秀1号。浙认菌2008001，浙江省农业科学院园艺研究所选育。

特征特性：商品菇菇盖灰白色至灰色，表面光滑，呈扇形，采后不易破裂，厚度中等，菇盖中部厚约0.5厘米；商品菇菇柄白色、中等偏长，为3～6厘米，直径0.7～1.0厘米，多数侧生、上粗下细，基部少绒毛，菌褶密集、白色、延生、狭窄、不等长，髓部近缠绕型。从接种到头潮菇采收一般需50～60天。生产上表现为吐黄水少，较抗黄枯病。

产量表现：据2006—2007年多点品比试验结果，农秀1号平均产量341.8克/袋，生物转化率为67.5%。

（3）秀珍菇LD-1。鲁农审2009084，鲁东大学选育。

特征特性：中高温型品种。菌丝体洁白、细密，子实体单生或丛生。菌盖灰白至深褐色，扇形，边缘薄，初内卷、后反卷，表面光滑干爽；菇柄白色、内实、多侧生，基部稍细无绒毛，长4～6厘米、粗0.5～1.5厘米；菌褶白色、延生、稍密不等长。孢子印白色。

产量表现：2009年春夏生产试验中，平均生物转化率100%。

（4）秀迪1号。闽认菌2012010，福建省农业科学院食用菌研究所选育。

特征特性：子实体多单生，菌盖色泽鼠灰色或黑灰色、扇形、边缘微内卷不易开裂，直径3.5～5厘米、厚度0.5～1.5厘米；菌褶白色、延生。菌柄多侧生，少中生，长3～6厘米、直径0.8～1.5

厘米。

产量表现：经多年多地多点试种，平均每袋产量323克，比对照品种增产8.5%。相对耐低温，适合在秋冬交替季节栽培。

（5）杭秀1号。浙（非）审菌2012001，杭州市农业科学院选育。秀珍18菌株变异株系选育。

生物学特性：菌丝生长适宜温度25～27℃，出菇温度10～30℃，其中适宜温度22～28℃，从接种到原基形成需38天左右；子实体单生或丛生，菇盖扇形，浅褐色到深褐色，表面光滑，边缘内卷。菌柄侧生、白色，近圆柱形，商品菇菌柄平均长度为6.2厘米，菌柄直径0.95厘米。

产量表现：连续两年平均生物学转化率为66.75%，产量比台湾省选育的秀珍菇增产7.0%。

（6）台秀57。是我国台湾品种，也是目前我国栽培量最大的秀珍菇品种。

154. 秀珍菇的市场前景如何？

根据中国食用菌协会和国家食用菌岗位体系的数据统计，从2007年到2016年的10年间，我国秀珍菇年总产量从17.4万吨逐年攀升至34.3万吨。年平均售价在9～10元/千克，每千克利润2～3元，经济回报率为30%～50%，水平一般，具有一定的投资价值。

但是投资秀珍菇栽培的企业家或菇农需要充分认识到目前秀珍菇品种的栽培现状。首先，是菌种来源不稳定，存在一定的风险；其次是目前秀珍菇主要采用常规大棚栽培模式，尤其是在出菇时，出菇时间短，子实体出菇整齐度较差，导致采菇效率较低，对采菇用工需求量大，常常需要通宵达旦进行采摘作业，这与目前采菇用工紧张的状况冲突较大，是需要投资者考虑的主要因素之一；第三是由于国家在西部进行了大量的食用菌（包括秀珍菇）扶贫项目投资，在该地区的秀珍菇栽培场的主要固定资产建设投资和菌包生产上可以获得较大的项目经济补贴，生产成本大幅降低，对国内其他低补或无补贴地区造成较严重的产业冲击。因此，建议有意向进行秀珍菇产业投资的栽培

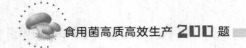

者应做好严谨认真的前期市场调研工作。

155. 目前秀珍菇能够进行工厂化周年栽培吗？

食用菌品种要实现工厂化周年栽培必须具有以下几个特点：一是整个栽培过程中基本以机械化操作为主；二是已经形成一套稳定的控温控湿出菇管理工艺；三是工厂化栽培平均成本与人工栽培平均成本相近或更低，最多不超过 1.2 倍；四是具有产量集中在前 2～3 潮，且子实体优质率高的管控工艺技术。

目前，国内秀珍菇绝大部分采用常规的设施大棚栽培模式，有条件的可以辅助调温、调湿设备。严格规范的设施可将菌包生产制作和培菌阶段进行机械化生产制作，但在出菇管理上尚未总结出一套稳定成熟的栽培管理工艺技术，虽然已经有很多"吃螃蟹"的厂家在不断地尝试，有些栽培场也获得了一定的进展，但远未达到工厂化栽培要求。当然，在我国广大科技工作者和从业者的不断创新与总结下，秀珍菇实现工厂化周年栽培指日可待。

156. 秀珍菇栽培过程中的关键控制要素是什么？应如何操作？

食用菌栽培过程中需要注意的四大控制要素分别是：温度、湿度、二氧化碳浓度、光照。秀珍菇在栽培管理过程中要获得高产优质，需要四大要素的调控指标均符合其生长的最适合条件。

四大控制要素中，光照属于相对独立的控制要素，与另外三大要素的关联度不强，可通过菇房覆盖物或采光灯的安装实现独立调控。但温度、湿度、二氧化碳浓度三大调控要素与外界气候条件息息相关，目前国内主要采用常规大棚栽培模式，菇棚内的温度、湿度、二氧化碳浓度三大调控要素主要依靠通风调控措施进行调控，如果外界气候比较适合秀珍菇栽培出菇的环境条件，则以上三大要素比较容易调控，可以进行较强通风，但在子实体原基扭结至分化成子实体的过程中要注意二氧化碳浓度的调控。如果与外界相比，温差较大、湿度差较大，则要求栽培管理者具有较丰富的管控技术经验，需要结合外界环境气候条件和菇房的朝向、通风调控设施等进行严格的通风管理调控，如通风时段选择、通风时间的长短、单位通风量大小等控制指标的选择与判断等，以期达到最优的调控结果。如果外界气候属于极端气候，则菇棚最好配备辅助的增温或降温、增湿或除湿的设备进行辅助调控。

157. 为什么秀珍菇出菇前要进行低温刺激？如何控制？

秀珍菇属于中高温变温型食用菌品种，其适宜出菇温度范围为22～28℃。但秀珍菇原基的扭结分化需要适当的温差刺激，通常情况下，5℃左右的温差刺激就可以促进秀珍菇的原基扭结，在温差加大的条件下，通过适当的喷水降温就会促进秀珍菇的原基扭结。但在实际生产过程中，菇房不同纵深和不同排列结构常常导致不同部位的菌包在温差幅度上具有一定差异，导致菌包原基扭结时间存在差异，无法满足同一菇房内不同菌包对不同管控指标的需求，从而产生产量低、品质差、采摘效率低的后果。为了进行统一协调的出菇管理，需要人工辅助进行集中化的低温刺激。

低温刺激控制方式是以菇房内菌包生理成熟度相同的一批菌包为一刺激区域，用塑料薄膜将该区域内的菌包严密覆盖，膜与膜的连接缝用宽透明胶带严密胶合，覆盖高度比菌墙高1米左右，将配套的移动制冷机组置于刺激区域内，一般制冷菌包规模为1万～2万包，每套移动制冷机组1～2台。待密闭区域内的气温降低至20℃后即可停机，维持较低温6～8小时即可。比较严谨的操作是以降温前菌包内包芯温度为准，降温后的区域内不同部位的10点菌包包芯温度平均降低了10℃后即可停机，维持较低温4～8小时即可。

158. 秀珍菇菌包成熟的判断标准是什么？

秀珍菇菌包中当菌丝满袋后并不能立即开袋出菇，还需要一定的后熟时间，其目的是让菌丝能够更好地将包内营养物质转化成子实体生长所需的营养菌体蛋白。只有菌包达到一定的后熟条件，才能保证在出菇管理过程中达到高产优质，同时保证菌丝的活力，不容易造成退菌或被杂菌侵染，造成烂包。秀珍菇菌包的后熟时间主要受培养料配方、填料致密度、培养温度和品种特性等因素的影响。

在生产过程中对秀珍菇菌包是否达到生理成熟的判断标准是：同一批生产制作的菌包，当有80%~90%的菌包在接种端套环部位的塑料薄膜袋内壁出现数滴明显的清亮黄色水珠，手指稍用力捏压菌包接种端，感觉到菌棒不再是硬邦邦的感觉，而是能够下凹，具有一定的弹性时，基本可以判定菌包接种端部位达到生理成熟，可以开袋进行出菇诱导（彩图9-2）。需要注意的是，当菌包接种端达到生理成熟标准，最好及时进行开袋，不要延迟开袋时间，否则因菌包内湿度高，温度逐渐升高，很容易造成包内细菌性污染，引发严重的黄菇病和其他病害。

159. 窝口菌袋与套环菌袋两种菌包有什么差异，哪种更优？

套环菌袋是秀珍菇菌包生产过程中传统的制包方式，指菌袋单头用专业的直径4~6厘米的塑料套环进行菌袋的定型和密封（彩图9-3a），密封方式主要采用配套的密封透气盖或棉花塞，在制包过程中，常在菌包中部填充直径2厘米的塑料短棒，灭菌后抽出短棒，利于接种，其菌环呈凸起状。窝口菌袋则是采用专用的凹口菌袋生产机械，在菌包生产过程中，利用机器和塑料短棒将菌包中心部冲压成直径2厘米、10~15厘米深的凹口，并把菌袋开口端通过旋转折叠塞入凹口，然后在凹口内填充配套的海绵塞或棉花塞进行密封和透气（彩图9-3b）。

目前在我国北方采用窝口菌袋生产工艺制包的较多，而在我国南方，采用套环菌袋生产工艺制包的较多，随着不同制包工艺的交流，我国南方采用窝口菌袋生产工艺制包的厂家数量逐渐增加，但经过近两年的生产情况分析，我国南方地区的高温高湿时间较长，菌包采用窝口方式不利于菌种萌发时内部散热，容易造成螨虫和菇蚊、菇蝇钻入包芯内繁衍生产，引发后期的危害。

160. 秀珍菇菌包培养过程中应注意哪些事项？

健壮的秀珍菇菌包是后期获得高产的必要基础。要获得健壮的秀珍菇优质菌包，在培养过程中应注意做好以下几点措施。

（1）菌包进房前必须先做好培养房的内外环境卫生，并用敌敌畏或磷化铝（剧毒，注意人身安全）进行一遍空房密闭熏蒸。菇房周围200米内不生长杂草、不残留水洼地，菇房周边和门口用生石灰铺撒1圈。

（2）保持良好的培菌温度环境，菇房温度维持在22～26℃，包芯温度维持在23～30℃，需要注意的是接种7天后及时关注菌包中心温度的变化，当后包芯温度达到26℃后要注意加强通风，通过降低培养房内气温促进包内热能的外导，避免包内温度在短时间内迅速上升至32℃以上，造成烧菌现象，导致菌丝的损伤。

（3）保持培菌房内的二氧化碳浓度不高于2 000克/米³，及时观察菌包走菌情况，避免接种后因接种块菌丝大量生长堵塞了套环的棉塞后透气膜，或是凹口内菌丝成团堵塞了透气孔，从而造成菌包内部的缺氧，造成菌丝逐渐弱化退菌。

（4）空间湿度控制在65%～75%，避免因湿度过大导致袋口发生镰孢霉菌。

（5）菇房内避免强光的照射，培菌期间可全程保持黑暗。

161. 秀珍菇烂包的主要原因是什么？

秀珍菇烂包的最直接原因就是包内菌丝生活力大幅降低，导致绿霉等杂菌的入侵，致使菌包呈现退菌黑化或绿霉菌占主要生长优势的情况，菌包结构由原来的弹性而结实变成松软易塌陷。秀珍菇烂包现象往往发生在开袋出菇后第一至第二潮后。预防秀珍菇菌包的烂包现象发生主要做好以下几点。

（1）培养料预湿要彻底。避免颗粒型原料因预湿不到位造成内心干燥，导致灭菌时颗粒中心无法彻底灭菌，造成后期的内部污染，引起烂包。

（2）灭菌措施要严格且彻底，避免菌包灭菌不彻底造成后期烂包。

（3）保证种源引种渠道正规，种性优良，菌丝生长势强。

（4）不得将已经严重污染的菌包掺杂入新料中继续制作菌包。

（5）严格控制菌包平均温度（包内料温）在23～30℃之间，避免料温超过32℃且持续24小时以上。

（6）注意菌包接种口是否被堵塞，避免因菌包内换气不畅造成缺氧而引起菌丝损伤。

（7）注意菇房内及周边的环境卫生整洁，避免在培菌过程中害虫钻入菌包内部引发后期烂包。

（8）出菇期间，避免菇房长时间高温高湿，造成子实体死亡及细菌性病害严重发生。

162. 栽培秀珍菇的主要原料有哪些，如何控制品质？

秀珍菇栽培的主要原材料有杂木屑、棉籽壳、麸皮、米糠、玉米芯、菌草粉、桉树木屑、甘蔗渣等，辅料主要有轻质碳酸钙、石膏、石灰、白糖或红糖。最常用的原材料为杂木屑、棉籽壳、麸皮、米糠。这些原料的品质影响了秀珍菇最终的产量水平和质量水平，因此，必须严格控制。

（1）杂木屑。主要以天然林（阔叶林）的杂木屑为主，通常分为粗片和中细粉两种，粗片通常直径1厘米左右、厚度0.2～0.4厘米，中细粉是直径小于0.3厘米的细小颗粒。最好的杂木屑是砍伐后经半年以上晒干、缩水后再粉碎形成的，但现在绝大部分的杂木屑都是砍伐后直接切片粉碎的，这样的杂木屑在集中粉碎后最好要进行3个月至半年的自然堆制，任凭风吹日晒，如果天气连续干燥还应该每间隔3天喷淋1遍，以促进木屑内部组织结构通过热胀冷缩达到疏松的效果，同时通过喷淋或雨水将木屑内部的单宁成分稀释带走。

（2）棉籽壳。要求新鲜无霉变、无异味、无杂物、无明显虫害迹象，带有一定的油脂更好，不能掺杂较多的粉末状物质。棉籽壳在拌料前2天通常加入石灰水进行成分的预湿，堆积预置1天后翻堆1次，在拌料前2小时均匀撒上麦麸或米糠，搅拌翻堆1次，然后与杂木屑按配比送入料斗进行混合搅拌、制包。

（3）麸皮和米糠。要求新鲜无霉变，无异味、无杂物、无螨虫或其他明显虫害迹象。使用时要倒入料斗中一起搅拌均匀。生石灰通常在预湿棉籽壳时就混入使用。

163. 秀珍菇出菇时的适宜温度及管控措施是什么？

秀珍菇属于广温型的食用菌品种，通常子实体在 15～32℃之间都可以生长。但要获得优质的秀珍菇子实体则需要更适宜的温度条件。当菇房温度普遍处于 20℃以下时，秀珍菇子实体会继续生长，生长速度较慢，子实体菌盖厚实；但当秀珍菇菌丝较长时间处于 20℃以下时，容易导致菌丝活力下降，造成绿霉菌的侵染，因此通常要求出菇环境维持在 20℃以上。当菇房温度普遍处于 28℃以上时，秀珍菇子实体生长速度较快，菌盖薄、颜色灰白，品质显著下降，经济收益显著降低。因此，在生产管理过程中，秀珍菇比较适宜的出菇温度范围是 22～28℃，不同品种的秀珍菇对最适出菇温度要求略有差异，但都处于 22～28℃之间。

通常在我国南方的秀珍菇出菇季节，气温逐步上升，要控制避免菇房内温度过高的问题，如果外界气温比较适宜，可以适当加强通风，如果外界气温超过 32℃，注意避免台风，采用少量多次的通风方式，避免菇房内温度上升过快。外界气温超过 35℃，菇房顶部要开启喷淋系统，给菇房上部降温。而在山区的菇房要注意菇房建设的朝向和山风流向，避免夜间山风直吹子实体，造成短时间温差过大，引起子实体畸形。

164. 消费者喜欢颜色较黑的秀珍菇，栽培过程中该如何获得？

目前市场上的消费者偏爱菌盖颜色灰黑、光亮的秀珍菇子实体（彩图 9-4）。那么如何获得这样的秀珍菇子实体呢？

秀珍菇子实体的颜色主要受到出菇的温度、空间湿度和光照度、二氧化碳浓度四大因素的影响。首先是温度，在秀珍菇子实体生长的合适温度范围内，温度越低子实体颜色越深；其次是空间湿度，出菇环境空间湿度越小，子实体的色泽越浅，出菇环境的空间湿度处于 85%～95%时，子实体色泽呈最优的黑灰色，同时，要注意避免菇房内空间湿度长时间超过 95%，容易造成子实体畸形和病害的发生；第三是光线对子实体色泽的影响，通常在秀珍菇出菇环境中，适宜光照度是刚好可以看见报纸上的字（400～600 勒克斯），光照越强子实体菌盖色泽越浅，同时要避免太阳光直射子实体表面；第四是二氧化碳浓度的影响，二氧化碳浓度不直接影响子实体的色泽，但是出菇环境中二氧化碳浓度超过 3 000 克/米³ 时，子实体呈菇体松软、色泽发黄、暗淡无光的病态症状，销售困难。

通常受温度和湿度不适引起的颜色较浅的子实体在采摘后，如果菇盖较干，可在菇盖表面喷适量的水，然后置于 2～4℃冷库环境中冷藏，子实体的色泽会逐渐转黑，光亮。

165. 秀珍菇采摘的标准是什么？

市场上的秀珍菇主要分为 3 个等级，即所谓的 A 级菇、B 级菇和 C 级菇，在市场上流通的主要是 A 级菇和 B 级菇，C 级菇因品相差、售价低而不适于远途运输销售，但其食用品质不受影响，因此主要在栽培厂区周边的市场零售或定点送给学校、企业的食堂，也可进行烘干等简易加工处理。

A 级菇标准。菌盖呈扇形或肾形，菌盖厚实、平整或略有凹陷，色泽灰黑黝亮，菌盖直径 4～6 厘米，不开裂，菌柄直径 1～1.5 厘米，长度 3～6 厘米，菌柄中部不膨大。

B 级菇标准。菌盖呈扇形或肾形，菌盖中等厚实、平整或略有较深凹陷，菌盖色泽浅灰黑色，菌盖直径 4～10 厘米，不开裂、不翻卷，菌柄直径 1～2 厘米，长度 2～8 厘米，菌柄中部不膨大或微膨大。

C 级菇标准。除上述外的过大或过小的秀珍菇子实体，以及菌袋口的偷生菇均属于 C 级菇。

166. 秀珍菇能够采用立式站立出菇栽培模式吗？

秀珍菇在分类学上属于侧耳属的肺形侧耳，其子实体在正常与地面平行生长的状态下，由于受到地球地心引力的影响，呈现菌柄单侧生长，菌盖呈扇形或肾形的形状，但有少部分子实体会呈现菌柄偏中生，这时菌盖会形成一定的凹陷，菌柄中生程度较强时，菌盖就逐渐形成喇叭形。如果秀珍菇栽培出菇时采用立式站立出菇管理模式，菌包表面的原基分化后，子实体向上生长，受地球地心引力的影响，这时菌柄绝大部分会呈现为中生状态，则菌盖就形成喇叭口形状（彩图 9 - 5），这样的子实体形状不符合市场消费者的需求。因此，不建议采用立式站立栽培模式进行秀珍菇的出菇管理。

167. 如何防控秀珍菇黄菇病？

秀珍菇黄菇病是由假单孢杆菌引起的一种病害，革兰染色呈阴性反应。该病害为细菌性病害，它广泛存在于自然界中，尤其对侧耳类食用菌品种侵害比较严重。病情比较轻时，往往是菌柄传染给其他子实体，菌盖上有小斑点状黄色病区，随着子实体的生长而扩大，病斑色泽逐渐变深，并扩大到整个菌盖，整片子实体黄化，发病菇体呈水渍状，但不发黏、不腐烂（彩图 9 - 6）。染病后期菇体分泌出黄褐色水珠，病株停止生长，继而萎缩、死亡。严重时原基分化呈小菇蕾时就可呈现黄化症状，子实体不再长大，并逐渐萎缩、死亡。管理不到位时，后续可导致多潮菇发病。

（1）病因。培养料、管理用水和空气是黄菇病病原菌的主要来源，昆虫、人也会造成其传播。高温高湿是发病的主要原因，当温度稳定在 20℃ 以上，湿度 95％ 以上，且二氧化碳浓度较高时，极易诱发此病。

（2）预防控制。

①做好菇房内部和周边环境的卫生，在菌包进房前进行严格的空间消杀，并加强菇房通风，保持干燥。

②当菌包表面呈现生理成熟时应及时统一开袋出菇，开袋后最好用 2％～3％ 浓度的石灰清水喷施，以冲洗菌包出菇面。

③不要采用覆膜闷菇的方式促使原基分化。

④子实体生长过程中，加强菇房的通风，空气相对湿度维持在 85％～90％，二氧化碳浓度降低至 0.3％ 以下。

⑤菇房每间隔 3～4 天用 500 倍稀释的漂白粉液喷雾消毒 1 遍。

168. 秀珍菇蚊虫危害比较严重，应如何防控？

秀珍菇在生长过程中比较受菇蚊、菇蝇喜爱，一旦秀珍菇菌袋受到菇蚊类害虫的入侵，必然对产量和质量造成不利影响，严重时甚至造成绝收。另一方面，栽培者必然选择喷施杀虫剂进行防控，又有可能造成产品的农药残留，危害消费者的健康。这些菇蚊、菇蝇的卵主要隐藏于栽培场内或周边的土壤中，当适宜季节（南方每年主要是3—5月、9—11月为高峰期）来临时，就会羽化成虫寻味飞入菇房中，再伺机钻入菌包内部进行新一代的生活史。因此，这就要求栽培者在病虫害的预防控制方面投入较大的人力与物力。

防控菇蚊、菇蝇主要有以下防控措施。

（1）做好菇房内部和周边环境的卫生清洁，在菌包进房前进行严格的空间灭杀，并加强菇房通风，保持干燥，菇房内部土质地面、周边和门口用生石灰铺撒1遍。保证菇房周围200米内不生长杂草、不残留水洼地，菇房周边水沟保持不积水或循环流水的状态，每间隔7天在菇房周边消杀1次。

（2）菌包接完种排入菇房时，保持菇房内气温22～26℃，空间湿度70%～75%。菌墙之间每间隔1.5米悬挂1片黄色粘虫板，并在中间走道每间隔3米悬挂风扇形杀虫灯，起到最基础的预防作用。

（3）菌包采用套环＋棉塞方式的，注意棉塞要塞紧实，避免蚊蝇钻入菌袋中，菌包有破口的要及时用透明胶布粘合。老菇区在培菌过程中可在棉花塞上撒播杀虫粉剂进行预防。建议套口采用套环＋透气菌塞方式，南方生产中，不推荐使用打孔接种的方法，除非配备专用的控温控湿防虫培菌房。

（4）出菇阶段菇房内发生蚊蝇危害，可在局部小范围用2 000倍稀释的阿维菌素乳油药剂或氯氰菊酯1 500倍稀释液于转潮无菇期进行空间喷施。发生较严重时，可在转潮期用敌敌畏或氯氰菊酯烟剂型进行密闭熏蒸，注意气温高于28℃时不熏蒸，避免烧菌。

169. 如何减少秀珍菇的偷生菇?

秀珍菇偷生菇是指部分秀珍菇菌包基本达到生理成熟，在还没有进行开袋诱导出菇情况下，因外界气候的刺激，就偷偷从菌袋套口或菌包的细微破口处形成的子实体原基，并逐渐长大。这些偷生菇往往因为未进行系统的出菇管控，在子实体形状和色泽上均不符合市场销售标准，价值极低或甚至直接被抛弃。偷生菇的生长，往往消耗了大量的菌包营养贮备，对后期第一潮出菇产量造成较大的影响，菇农会受到一定的经济损失。预防偷生菇大量发生的主要措施有：

（1）培养料中的木屑以颗粒为主，少用撕裂针状的木屑，避免扎破菌包，既降低菌包的污染率，又避免了后期的偷生菇大量发生。如果有发现较明显的被扎破孔，应及时用透明胶封死。

（2）菌包接种时，菌块压入菌穴，避免菌块突起与棉塞接触。这是因为菌丝萌发后在套口处也会以棉塞为培养基质进行生长，会将下部培养基和棉塞构建成整体，一旦气候条件成熟，套口的棉塞就会生长偷生菇。

（3）当菌包逐渐生理成熟时，最好保持菇房内温度和湿度的相对稳定，如果因气候原因造成5℃以上的低温刺激或湿度刺激，均会诱导偷生菇的发生。

（4）同批次生产的菌包要求培养条件相同，避免造成菌包培菌时间和生理成熟时间的差异，不利于开袋出菇的统一管理，成熟度较好的菌包就容易发生偷生菇。

170. 采后秀珍菇如何处理可延长贮存时间和品质？

秀珍菇的优质品相和口感决定了其良好的市场售价，栽培者才能获得丰厚的经济回报。通常秀珍菇从栽培场采摘后经冷藏、包装、运输、分档、分销、市销等多个环节，最快也要第二天到达消费者手里，慢者要3～5天。因此，在这段时间内如何保持秀珍菇优良的形状、色泽和口感非常关键，具体的操作措施有以下几种。

（1）将采摘后的秀珍菇进行分级处理后，用高度10～12厘米、长50厘米、宽35厘米的塑料网格筐进行定量分装，通常为每筐装菇2.5千克，均匀平铺，如果子实体含水量偏低，可适当喷雾状水保持湿润，避免菌盖失水严重而裂开，降低商品品质。

（2）冷库建设时分割建设低温库，将封装后的网格筐置于库中进行降温处理，设定温度0℃，上下层网格筐呈十字交叉堆叠，高不超过20筐，呈规格的"川"字形排列，利于通风。30分钟后，将库房温度调节至－1℃，继续维持10分钟，即可立即装袋，抽真空后立即

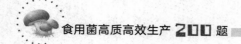

封口。

（3）把分装好的子实体菌包按客服需求进行泡沫箱填装，在泡沫箱内部两角填充两个结成冰块的矿泉水瓶。然后迅速盖盖，用胶带进行严密胶封，置于另一间冷库0℃保存至出货。

十、竹荪生产关键技术

171. 怎样选择优质的竹荪品种?

竹荪作为整个竹荪属的总称,在真菌分类上,属于担子菌门、腹菌纲、鬼笔目、鬼笔科、竹荪属,其中长裙竹荪、短裙竹荪、红托竹荪、棘托竹荪占主要地位。棘托竹荪适应性强、栽培原料来源广泛、菌丝生长快、生产周期短、管理粗放、易人工栽培、产量高,是目前栽培的主要品种。如无特殊说明,本篇所介绍的品种特性及栽培管理技术均围绕棘托竹荪。

目前,常用的竹荪品种有 D1、D89、D42、D-古优 1 号等,以 D1、D89 为主。由于竹荪同种异名现象严重,为了保证种植效益,种植户应从具有相应资质的供种单位购买,购买菌种时,应向供种单位索要与该品种相关的技术资料(包括品种特征特性、生物学特性、适宜栽培条件以及栽培管理技术要点等),同时,购买者应详细咨询该菌种的接种日期、贮藏条件、保质期等。菌种购买来后,对菌种外观进行详细检查,必要时,可随机挑取一些进行菌种活力检测,要做到对所购买的菌种心中有数。为了保证竹荪的栽培效益,不建议种植户自行保藏菌种。

172. 怎样制作竹荪菌种(母种、原种、栽培种)?

竹荪菌种分为三级,即母种(一级种)、原种(二级种)、栽培种(三级种)。通常将采用组织分离、孢子分离等方法得到的菌丝纯培养物及其转接的菌种称为母种,也称一级种,母种一般在试管中培养。将母种接种至竹屑、木屑等培养基上培养而成的菌丝纯培养物为原种，也称二级种，原种一般在瓶（袋）中培养，原种主要用来生产栽培种，也可以直接做栽培种用。将原种扩大再培养而成的菌丝纯培养物为栽培种，也称三级种，栽培种仅限直接用于栽培。为了保证菌种活力，一般仅限于三级扩繁，以免生产受到影响。根据培养基的不同，母种一般需要 10～15 天长满试管，原种需要 45～60 天，栽培种需要 30～40 天。

在制作菌种过程中需注意以下问题。

（1）为了保证菌种纯度，原种和栽培种需采用高压灭菌。

（2）若采用玻璃瓶制作原种，填料结束后应立即清洗瓶口，防止瓶口残留的培养基风干后难以彻底灭菌，造成污染。

（3）制作棉塞时宜选用长绒棉花，脱脂棉易吸湿受潮，导致棉塞污染，不宜使用。

（4）塞棉塞时，瓶口一定要干燥，否则灭菌后，棉花会粘在瓶口内侧，接种时不易拔出。

（5）若采用化纤棉做棉塞，使用后棉塞易定型，影响使用效果，因此，建议原种棉塞仍选用棉花制作。

173. 优良的竹荪菌种应具备哪些特征？

鉴于经济和成本因素，多数栽培者选择购买原种自制栽培种（或购买母种，自制原种与栽培种），优良的菌种应具备以下特征：

母种在同一种培养基上应具有原菌株的菌落形态特征，且菌丝生长速度一致，棉塞无松动，菌丝体白色、浓密、粗壮、呈束状、长势旺盛、边缘整齐、无间断，不发黄，气生菌丝浓密，布满试管，无病虫害和杂菌污染。母种菌丝长满斜面试管后即可用于转接。

原种、栽培种应无病虫害、杂菌污染，菌丝白色、均匀，粗壮浓密，无吐黄水现象，不发黄。菌种培养基含水量适中，菌丝爬壁能力强、与瓶（袋）壁紧贴，不干缩、不发黄，菌种具有竹荪特有的清香味。原种应在长满瓶后 10 天内使用，栽培种应在长满瓶后 15 天内使用。

174. 怎样判断菌种的质量？

菌种质量的优劣，与最终的栽培效益高低密切相关，一般采用以下的常规方法进行鉴别。

（1）肉眼观察。肉眼观察各级菌种是否符合优良菌种的各种特征，棉塞是否松动，试管有无破损，菌丝颜色是否洁白、均匀。菌种是否具有竹荪特有的香味，原种和栽培种瓶内培养基是否和瓶壁脱离，若脱离，说明培养基含水量不够，或菌种已老化。若菌种瓶（袋）重量较重，上端菌丝长势较好，下端菌丝停止生长，说明培养基含水量太高。

（2）长速检测。将菌种转接至马铃薯土豆琼脂（PDA）培养基中间，恒温培养，用打孔器打取菌落前段菌丝，接种至新的 PDA 培养基中，观察菌种萌发时间，测定菌丝生长速度。活力强的菌种，接种后迅速萌发，菌丝生长速度快；若接种后，各个培养皿中的菌丝生长速度不一致，说明菌种活力已受影响。

（3）纯度检测。随机抽取一些菌种，选择菌种的不同部位（一般为上、中、下三部分）接种至 PDA 培养基中，观察菌种萌发时是否有其他杂菌生长。也可挑取不同部位的菌种，在 PDA 培养基中随机划线培养，看划线处是否有杂菌长出。

（4）吃料能力。将菌种接种至适宜的培养料中，在适宜的温度下培养，观察菌丝萌发情况及吃料能力。若菌丝萌发时间短，萌发后能够迅速向培养基中生长，说明菌种活力强。

175. 控制菌种污染的措施有哪些？

（1）对于母种来说，在制作斜面时要注意以下 3 点：①灭菌结束后，对于出现湿棉塞的试管，坚决不用；②灭菌后试管摆斜面时，以斜面长度为试管长度的 3/5 为宜，若试管倾斜角度太小，棉塞容易沾到培养基，母种培养后期容易污染杂菌；③母种培养环境要求避光、干燥、通风，高温高湿环境下，棉塞容易受潮，被红色链孢霉污染。一旦出现红色链孢霉，对试管要轻拿轻放，及时用纸包好清理，以免孢子飞散，扩大污染。

（2）对于原种、栽培种来说：①若用瓶装，填料结束后应及时清理瓶口残余培养料，否则培养料风干后不易彻底灭菌；②瓶口洗净后，需晾干后方可塞棉塞，否则灭菌结束后，棉花絮易粘住瓶口，接种时易引起污染；③菌种灭菌冷却后，要尽快接种，若暂时没有接种，应存放于干净、干燥的区域，清扫地面不能用扫把，以减少扬尘，有条件的地方可以安装紫外灯消毒；④当采用聚丙烯塑料袋制作菌种时，由于塑料袋体积不固定，检查污染时禁止把每袋菌种提起再放下检查，这样容易造成袋内外气体强制交换，往往越检查，菌种污染越多；检查污染时只需将污染菌种剔除即可。

176. 竹荪栽培的适宜外界环境条件是什么？

竹荪属高温型品种，菌丝生长的温度范围为 15～35℃，适宜温度为 20～25℃，在适宜温度下，菌丝生长速度快，分解基质的能力强；竹荪菌丝生长阶段要求培养料含水量在 60％～70％，含水量低，菌丝生长受抑制，因此，土壤要保持湿润状态。菌丝生长阶段对光照不敏感，黑暗或有光条件下均能生长，但有光照时，菌丝生长会变慢。子实体发育的温度范围为 23～35℃，适宜温度为 27～29℃，必要时可在棚架上加盖芦苇或防晒网等进行降温；空气相对湿度在 75％～95％，培养料含水量在 70％～75％，必要时应通过喷水、灌跑马水或畦沟蓄浅水等方法进行调节；子实体生长阶段，一定量的散射光有利于原基分化，保持栽培棚内"七分阴，三分阳"，以散射光为主，避免阳光直射。

竹荪属好气性真菌，在整个生长过程中，要保证新鲜的空气。通气充分，菌丝生长快，子实体形成也快，因此，可适时揭地膜通风换气，保持畦床空气流通。需要注意的是，竹荪栽培过程中，无 20℃以上高温时较难形成菌球，因此，实际栽培时，应根据当地的气象条件灵活掌握制种时间，以安排适宜的栽培季节。

177. 如何选择竹荪栽培场地？

竹荪属高温型菌类，适宜在高温地区进行种植。为了保证竹荪的质量，竹荪室外栽培时，要求栽培场地无空气污染、无水污染、无土壤污染，四周无化工厂或烟囱。栽培之前要除去栽培场地中的草根、石块等杂物，翻松土壤、晒白，最好在土壤中拌入木屑、谷壳，以提高土壤疏松透气性。所选的栽培场所土壤要肥沃、疏松不板结，团粒结构好、土质酸性、水源方便且排灌良好，在干旱地区，要求接近水源。但应注意，有白蚂蚁集中活动的场地及人畜活动频繁的场地不宜选作栽培场所。由于竹荪有连作障碍，要选择近 5 年不曾栽培竹荪的场地。

为了更好地提高栽培效益，也可选择在林下栽培竹荪（彩图 10-1）。林下栽培时，应选择向阳背风处，林木郁闭度在 60%～70% 之间可不搭遮阴棚，小于 50% 时应遮阳避光。要提前铲除杂草及小灌木，清除石块，四周开好排水沟。选择具有坡度的林地栽培时，林地坡度应小于 25 度，且应首先选择坡底部场地，然后有计划地按地形由下往上逐年选择不同地块栽培；林下栽培要方便排灌，以防竹荪生长后期湿度太低，影响产量。

178. 如何选择竹荪培养料及栽培配方？

竹荪培养料可分为主料和辅料。主料来源广泛，农副产品下脚料（如甘蔗渣、玉米芯等）、农作物秸秆类（如谷壳、麦秆、豆秆等）、阔叶树木类（如木片、树枝、叶及木屑等）、竹类（如竹子茎、枝、叶及竹屑等）、草类（如芦苇、五节芒等）等均可用来栽培竹荪。辅料可采用尿素、石膏粉、轻质碳酸钙、畜禽粪等。具体选择何种原材料需根据当地资源条件来决定，且主辅应粗细合理搭配，这样可提高培养料的透气性，有利于菌丝生长。目前常用的栽培配方有以下几种。

（1）竹屑 80.0%，木屑 18.8%，尿素 0.7%，轻质碳酸钙 0.5%。

（2）竹屑 98.8%，尿素 0.7%，轻质碳酸钙 0.5%。

（3）竹屑 60.0%，木屑 28.8%，豆秆或芦苇草 10.0%，尿素 0.7%，轻质碳酸钙 0.5%。

（4）木屑 89.5%，谷壳 10%，尿素 0.5%。

（5）木片 50%，碎木块 30%，竹头尾 5%，竹枝叶 5%，木屑 10%。

（6）木片 30%，碎木块 10%，秸秆 30%，竹枝叶 20%，木屑 10%。

（7）木片 10%，碎木块 10%，竹头尾 10%，秸秆 60%，竹枝叶 5%，木屑 5%。

选择适宜的栽培配方，准备好各项主、辅培养料，其中田地栽培用料量为每亩 5 000～7 500 千克，林下栽培用料量为每亩 1 500～2 000 千克（以林地面积计算）。

179. 如何制作竹荪培养料？

按培养基配方准备好各种原料。播种前 40～60 天开始建堆发酵。先铺一层厚 30 厘米的主料，撒尿素和轻质碳酸钙，浇清水拌匀并收集渗出液再利用；再铺一层主料，撒尿素和轻质碳酸钙，压实，含水量调控至 60%～65%。如此循环至料堆高 1.5～2 米，宽 2～4.5 米，长度不限。

建堆后 15 天进行第一次翻堆，以后每间隔 10～15 天再次翻堆，共翻堆 2～4 次，翻堆间隔应以温度为主要判断依据，第一次翻堆后应打孔增氧。翻堆宜选择在晴天上午 9 时后，翻动时需将培养料上下、内外互换，并根据干湿程度加水，保持培养料含水量 50%～60%，即手攥成团，指缝有水而不滴下为宜，调控 pH 至 5.5～6.0。发酵好的培养料松软、变褐、无氨味。

提前清理干净栽培场地上的稻（树）桩、杂枝（草），四周挖环形排水沟（深 50 厘米），深翻整畦，畦面宽 75～85 厘米，长度不限，畦间走道宽 25～30 厘米，深 23～28 厘米。山地上，应在栽培场所四周施用农药防止白蚁危害。将培养料铺成龟背式畦床（宽 45 厘米，高 30～35 厘米，长度不限），铺料后晾料 1～3 天，避免雨天铺料。

180. 竹荪培养料发酵过程中要注意什么？

竹荪培养料中，采用竹类、野草和秸秆类等原料时要注意，使用这些原料前需晒干，选择合理的栽培配方，要根据当地的原料来源，因地制宜、合理选择主辅原料，为了提高产量，可适当提高培养料含氮量，且应在建堆时加入，但决不能为了提高含氮量而过量使用尿素，否则会产生大量氨气，抑制菌丝生长，严重时，菌丝甚至不能定殖，尿素的使用量一般应小于 0.5%。

培养料建堆发酵时间要由播种时间决定，播种前 40～60 天开始建堆发酵，发酵时间不够或太长都影响竹荪产量。培养料建堆发酵过程中，要根据实际情况，适当调节培养料含水量。含水量较低，发酵不彻底；含水量过高会引起培养料厌氧发酵，产生废气多，不利于菌丝生长。培养料建堆发酵时，具体翻堆间隔要以料温（即料堆中心温度）升至 60℃左右为主要依据，气温低时，可适当延长首次翻堆时间，翻堆时应将培养料的内外互换、上下互换、生料和熟料互换，首次翻堆后要在料堆中打增氧孔，最后一次翻堆时可结合杀虫措施。培养料建堆发酵过程中，必须严格掌握培养料的腐熟程度，若建堆发酵过度，培养料中的部分养分被消耗，且透气不良，无弹性，影响竹荪产量。

181. 竹荪的播种方法有哪些?

竹荪多选择在多云或阴天播种（彩图 10 - 2），雨天禁止播种。竹荪有多种播种方法，如：条播、穴播、洒播、层播等，实际播种时，可根据栽培面积、劳力的情况，选择其中一种或两种相结合的方法。

（1）条播。菌种掰成块状下播于料上，呈"一"字形排列，播种量为每亩 400～500 千克，播种后表面覆盖 1～2 厘米厚的培养料。

（2）穴播。菌种掰成 4 厘米×3 厘米×5 厘米小块，每隔 5～8 厘米播一穴，通常呈梅花形排列，播种量为每亩 500～700 千克，播种后表面覆盖 1～2 厘米厚的培养料。

（3）层播。即一边铺料一边播种，通常为 3 层料夹播 2 层菌种或 2 层料夹播 1 层菌种。将培养料粗料铺入畦床，厚度 5 厘米左右，然后在料面均匀撒播一层菌种。第 2 层放粗、细料混合物，厚度 10 厘米左右，然后再播一层菌种。之后，在顶部堆放一层 5 厘米厚的细料，然后压实，畦面表层可覆腐殖土，或覆盖一层竹叶或稻草。气温偏低时，可以覆盖薄膜保温保湿。该方法播种快，适合大面积生产应用。层播用种量为料干重的 18%～20%。竹荪播种时，菌种掰得不宜过大，否则不易萌发。播种后 10～15 天检查菌丝萌发状况，发现菌种不萌发、发黑时，应及时补播菌种。

182. 如何选择覆土材料？覆土材料如何消毒？

竹荪种植过程中，覆土材料的优劣直接决定出菇时产量高低和质量好坏。为了保证竹荪种植效益，覆土材料应具备以下特征。

（1）覆土材料清洁无污染，土中不含有病原菌和害虫，这样可减少覆土后病虫害的发生。

（2）覆土材料大小合适、结构疏松、透气性好。

（3）覆土材料肥沃、有机质高、偏酸性。

（4）覆土材料吸水和保水能力均强，湿度较大时，覆土材料不发黏，喷水后不板结。

腐殖质土和菜园土疏松、透气、吸水性好，是覆土的优选材料，也可以选用壤土、黏壤土作为覆土材料。覆土中的石块、粗颗粒及树枝树根等杂物应提前除去。覆土材料在使用前需进行消毒处理，消毒方法分为物理消毒法和化学消毒法，实际生产中，多采用物理消毒法。

常用的物理消毒法有以下两种。

（1）阳光暴晒消毒。将覆土材料平摊在水泥地面上，直接在阳光下暴晒即可，或者将覆土材料用塑料薄膜严密覆盖，烈日下维持一段时间，即可达到消毒效果。

（2）蒸汽消毒。将覆土材料置于密闭环境中，采用专用的灭菌设备，通入热蒸汽进行消毒，一般30分钟左右即可。

183. 覆土时应该注意什么？

竹荪种植过程中，覆土是必需环节之一（彩图10-3），具体操作过程中需注意以下几点。

（1）选择合适的消毒方法对覆土材料进行严格消毒，防止覆土材料中带有病原菌及病虫害，影响竹荪子实体生长。

（2）覆土前要对覆土材料的含水量进行调节，竹荪栽培种适宜的覆土材料含水量为25%左右，可提前将土壤含水量调整好再覆盖到畦床上，也可将覆土材料覆盖到畦床后再喷水调节，以手捏土粒，不黏不散为宜。覆土要打碎，不可用板结的土块，不可用沙土。

（3）覆土要及时，覆土材料在竹荪播种前要及时准备，优选腐殖质土、菜园土，也可采用疏松的种植地表土，覆土中的石块、树枝等杂物要提前除去。竹荪播种完成后，即可进行覆土。

（4）覆土层厚度要适中，覆土层太厚，会推迟竹荪出菇期，覆土层太薄，菌索根基不牢，子实体生长受影响。覆土层厚度以 3～5 厘米为宜，覆土后，用铁锹（或木板）轻轻拍平，不可拍打、重压。畦床最好是中间高，四周略低的龟背形畦床。覆土后上面铺盖厚度为 1～3 厘米的稻草或茅草，以达到保湿的效果。

184. 菌丝萎缩死亡的原因有哪些？

竹荪播种后，初期菌丝萌发正常，正常吃料一段时间后，菌丝开始萎缩死亡，造成这一现象的可能是以下几种原因。

（1）首先要确定是否是菌种的问题，若播种同一菌种的田块均出现退菌现象，而同一田块上，播种的其他菌种正常生长，则要考虑是否是竹荪菌种的质量问题，如菌种存放时间较长，或菌种受污染等。

（2）若排除菌种质量问题，由于菌丝可正常萌发、吃料，且外界环境条件可满足竹荪菌丝生长，则可能的原因是培养料发酵质量较差。

（3）竹荪栽培中，有时为了提高栽培料含氮量，培养料中会加入一定量的尿素，但在竹荪生长过程中，整体而言，培养温度是逐渐升高的，培养料中的氨气浓度也在逐步升高，因此，当完成培养料铺料后，需晾料 5～8 天，同时，应避免雨天晾料。

（4）确定培养料中是否有虫害。

为了防止竹荪退菌现象发生，要严格执行培养料的发酵工艺，尤其在建堆发酵时，尿素等辅助原料要均匀地分布于料堆中。培养料发酵过程中，当需要翻堆时，要将培养料内外互换、上下互换，将各种原料混合均匀，这样才能获得发酵质量好的培养料。发酵结束后，若培养料中有氨味，一定要等氨气散发完后，才可播种。

185. 竹荪栽培播种成活率低的原因有哪些？

竹荪播种后，菌丝萌发慢、吃料晚、成活率低，即使已开始吃料，菌丝生长速度也较慢，导致这一现象可能是如下原因。

（1）竹荪菌种制作有问题，或者是菌种存放时间太久，导致菌丝活力下降。

（2）竹荪播种时，菌种掰的太小，对菌丝破坏较严重，影响菌丝萌发与生长。

（3）竹荪播种后，培养料与菌种没有压实，二者不能紧密接触，影响菌丝定殖萌发。

（4）培养料发酵质量未达标准，影响菌丝生长。

可通过以下方法提高竹荪播种成活率。

（1）严格按培养料建堆发酵步骤操作，一般建堆后20天第1次翻堆，以后每间隔10天左右再次翻堆，连续翻堆3～4次，翻堆时培养料内外互换，并根据其干湿程度加水，保持培养料含水量50%～60%，即手攥培养料成团，指缝有水而不滴下。发酵好的培养料松软、变褐，发酵结束后，确认培养料无氨味方可下料播种。

（2）播种时，将菌种与培养料压实，使二者充分接触。

（3）选择优良的竹荪菌种，采用穴播时，将菌种掰成4厘米×3厘米×5厘米小块，每隔5～8厘米播一穴，通常呈梅花形排列。

（4）播种后，要将温度控制在菌丝生长的适宜范围内，若播种后遇到连续的低温天气，要盖好薄膜保温，促进菌丝萌发。

186. 竹荪菌丝培养阶段要注意什么？

竹荪播种后，要做好保温、保湿、通风换气的工作。竹荪菌丝定殖生长时温度应控制在10～30℃，菌丝萌发后，适宜温度应控制在26～30℃，此时菌丝生长速度快，分解基质的能力强，温度过高要及时掀膜降温。前期发菌管理阶段，要防止温度偏高导致畦床内料温增加，可结合早、晚通风和利用排水沟蓄水的办法来给畦床降温。如遇南方梅雨季节，要注意排水，加强通风。

竹荪既不耐水，也不耐旱，生长需要一个不潮湿又较湿润的环境，种植前应在四周挖环形排水沟，深50厘米。保持培养料含水量在50%～60%，调 pH 至5.5～6.0。播种后培养料表面覆盖碎土，土层厚3～5厘米。覆土应为疏松的种植地表土，土壤含水量25%左右，覆土层上铺盖厚度 1～3 厘米的稻草或茅草，4～6 天后再覆盖地膜（气温超过 15℃时不必盖膜）。当菌丝布满土层，爬上土面形成菌索时，应立柱搭棚，高 2 米左右，并覆盖遮阳网（四针）。

播种 7 天后可检查菌丝是否定殖萌发，正常萌发菌块表面有白色绒毛，如果白色菌丝不明显，有变黑、发臭现象，说明菌种已不能萌发，需要及时补播菌种。菌丝生长阶段，一般不要翻动培养料和覆土层，以免扯断菌丝，影响后期竹荪生长。

187. 竹荪出菇阶段要注意什么？

菌索形成后，受到温差刺激（10℃）、干湿交替刺激，在表土层 2 厘米内形成大量原基，随后发育成菌球。菌球发育期间，温度控制在 22～26℃，午后通风换气，空气相对湿度控制在 75％～95％，培养料含水量在 70％～75％，必要时应通过喷水、灌跑马水或畦沟蓄浅水等方法进行调节。菌球形成后，要重点注意保湿和通风。保持空气相对湿度 85％～95％，采用小拱棚栽培，以薄膜内有小水珠聚集，但不滴下为适宜温度标准。

当菌球由近扁形发育进入蛋形期时，增加光照，诱导菌球破口。温度控制在 26～30℃，湿度保持在 85％～90％，土壤含水量保持在 20％～23％，若畦面上长出青苔，表明湿度正常。根据天气状况及土块干湿度决定喷水次数和喷水量，以喷水后用手捏土粒会扁，松开手不黏为标准。出菇阶段每天保持通风换气，白天将小拱棚两端薄膜打开即可，每天通风换气 30～60 分钟，阴雨天要延长通风换气时间。出菇阶段，要保持"七分阴，三分阳"的光照条件，以散射光为主，避免阳光直射。畦床表面湿度不够时，会导致菌球萎缩，菌球色泽变黄，外表皮褶皱状，菌球变软，肉质白色，闻之无味。可在傍晚向畦沟内灌水，次日排水，以提高湿度。

188. 竹荪栽培常见的病害防治措施有哪些？

竹荪病害可分为生理性病害和侵染性病害（病原微生物侵染引起）。

生理性病害是由于栽培管理措施不当引起的，生理病害不相互传染。当培养料含水量较低时容易发生缺水性萎缩，此时翻开培养料，菌丝萎黄，菌蕾颜色变黄，内部肉质呈白色，质地柔软。可在夜间灌跑马水，清早再排出以补充培养料水分。当培养料含水量较高时容易发生溃水性萎蕾，撕开后，肉质呈褐色，质地脆。可通过深挖排水沟，排除积水，同时延长通风时间，加大通风换气来防治。

侵染性病害是由病原微生物侵染引起的，竹荪菌丝生长前期发现杂菌时，应及时清除，并撒生石灰消毒，面积较大时应及时补料补种；生长中后期可采取以下方法防治病菌蔓延。

（1）烟霉病防治。清理排水沟，减少覆盖物厚度，加强菇棚通风，降低空气湿度，以抑制病菌生长；截断发病部位两端防止蔓延；同时，使用石灰水喷洒受害部位，每天1次，连喷3天。

（2）黏菌防治。加强通风，用10％漂白粉连续喷洒3～4次。

（3）其他杂菌防治。发生部位及时挖除，并撒生石灰消毒、盖薄膜，发病部位两端截断防蔓延。

189. 竹荪栽培常见的虫害防治措施有哪些？

竹荪虫害防治应遵循"预防为主，综合治理"的原则。以物理防治、生物防治为主，严格控制化学防治。原基形成后至采收前，禁止使用任何农药。

（1）螨类。以预防为主，要搞好栽培场地环境卫生，原料堆放场地要通风干燥，同时要认真检查菌种，避免种源带虫。

（2）白蚂蚁。山野场地防治白蚁，宜用氰戊菊酯放入蚁巢和蚁路上。

（3）蛞蝓。俗称鼻涕虫，蛞蝓危害竹荪子实体，并在所过之处留下一道白色的黏液，危害严重时可把菌蕾吃光。可利用蛞蝓昼伏夜出的习性，在傍晚用石灰粉撒在蛞蝓活动处，或撒在菇田周围，在地上形成隔离带，每隔3～4天撒1次；或用5％食盐水喷洒；或人工捕杀，可收到持续的杀虫效果。

（4）红蜘蛛。虫体红色，个头小，堆料过程中常发现红蜘蛛时，可喷1∶100的石硫合剂防治。

（5）跳虫。灰色，个体比芝麻小，体表有油质，常游在水面，菌丝生长阶段可钻进培养料内取食菌丝，子实体生长阶段蛀食子实体，并传播病菌。可通过播种前搞好栽培场地环境卫生来预防。

190. 如何保证竹荪高产？

为了保证竹荪的优质高产（彩图 10-4），可采用以下措施。

（1）适当加大培养料用料。田地栽培用料量（每亩 5 000～7 500 千克）；林下栽培用料量（每亩 1 500～2 000 千克）（以林地面积计算）。

（2）增加培养料中氮素含量。在培养料中加入牛粪、鸡粪或者尿素，单独添加尿素不可超过 0.5%，否则会产生大量氨气，抑制菌丝生长（即"氨中毒"）。

（3）选择优质的覆土层。竹荪栽培要想取得高产，培养料表面需覆盖碎土，土层厚 3～5 厘米，覆土土壤质量的优劣对产量高低的影响极大。覆土最好选用腐殖质含量高的土壤，或疏松的种植地表土，土壤含水量 25% 左右。

（4）加强田间栽培管理措施。"三分种，七分管"，竹荪要获得高产，后期的田间管理是重点。温度管理方面：播种时气温较低，应在畦面覆土层上铺盖厚度 1～3 厘米的稻草或茅草，4～6 天后再覆盖地膜（气温超过 15℃ 时不必盖膜），遇到高温天气，要及时遮阳。湿度管理方面：发菌阶段要控制好培养料湿度，这是竹荪高产的基础，但畦沟内不宜长期积水，走菌后期，要注意保持覆土湿度，促进菌丝形成菌索长出竹荪。土壤湿度以手捏土粒扁，而不黏为度。出菇阶段要注意控制空气相对湿度，一般雨天不淋水，晴天喷水，天气温度较高时采用少量多次的喷水方法。

十一、大球盖菇生产关键技术

191. 大球盖菇栽培有哪些特点？

大球盖菇菌丝抗逆性强，对原料要求不严格，栽培管理粗放，生物转化率高；可利用农业废弃物为原料，是以秸秆资源为主的高产出菇菇类，可实现利用废弃秸秆高产、高效益出菇的目的。大球盖菇栽培方式较多，除常规设施棚栽（彩图 11 - 1）外，还可进行玉米间作栽培、果园立体栽培（彩图 11 - 2）和林下立体栽培等多种形式，实现了大球盖菇集约高效、可持续发展的现代化生产方式。具有不与人争粮，不与粮争地，不与地争肥，不与农争时，不与其他行业争资源的特点。

192. 大球盖菇可选用哪些母种培养基？

（1）马铃薯土豆琼脂培养基（PDA）。马铃薯（去皮）200 克，葡萄糖 20 克，琼脂粉 20 克，蒸馏水 1 000 毫升，pH 无需调节。

（2）备选培养基（视原料情况备选）。

①马铃薯 200 克、蔗糖 20 克、琼脂 20 克、磷酸二氢钾 3 克、硫酸镁 2 克、蒸馏水 1 000 毫升、pH 无需调节。

②马铃薯 200 克、葡萄糖 20 克、琼脂 20 克、蛋白胨 5 克、磷酸二氢钾 3 克、硫酸镁 2 克、蒸馏水 1 000 毫升、pH 无需调节。

（3）麦芽糖酵母琼脂培养基（MAY）。麦芽糖 20 克、蛋白胨 1 克、酵母 1 克、琼脂 18 克、加蒸馏水定容到 1 升。

（4）马铃薯葡萄糖酵母琼脂培养基（PDYA）。马铃薯 300 克（加水 1.5 升，煮 20 分钟，用滤汁）、豆胨 1 克、酵母 2 克、琼脂

18 克、葡萄糖 10 克、加蒸馏水定容至 1 升。

（5）麦芽粉麦芽糖酵母琼脂培养基（DMYA）。麦芽糖 10 克、麦芽粉 85 克、酵母 1 克、琼脂 18 克加蒸馏水定容至 1 升。

193. 大球盖菇原种培养基有哪些？

（1）麦粒培养基（麦粒菌种）。

麦粒 84%、麦麸 10%、木屑 5%、石膏粉 1%。

麦粒 87%、米糠 5%、稻壳 5%、石膏粉 2%、生石灰粉 1%。

（2）玉米粒培养基。90%新鲜玉米粒、7%的麦麸、2%的石膏、1%生石灰。

（3）棉籽壳培养基（棉籽壳菌种）。木屑 40%、棉籽壳 40%、麸皮 13%、玉米粉 5%、蔗糖 1%、石膏粉 1%。

制备方法：以上配料经拌匀、装袋、灭菌、接种后，置于 25℃培养室培养至菌丝长满。

注：①原种是由母种（即试管种）移植、扩大培养而成的菌丝体，纯培养物，也叫二级种，一般用于生产栽培种，也可直接用作栽培种，大球盖菇原种有多种配方，多用麦粒菌种。②麦粒菌种出菇快、产量高。使用两类菌种栽培，在栽培料、菌种用量和劳动人员的投入方面基本一致，但麦粒菌种价格略高，麦粒制种前需蒸煮，制种工序烦琐，且灭菌要求条件高。

194. 大球盖菇栽培种培养基有哪些？

（1）木屑、秸秆培养基。

木屑 78%，稻壳 10%，麸皮 10%，石膏 1%，生石灰 1%，含水量 65%。

木屑 82%，麸皮 15%，黄豆粉 2%，石膏 0.5%，石灰 0.5%，含水量 65%。

木屑 77%，稻壳 20%，黄豆粉 2%，石灰 0.5%，石膏 0.5%，含水量 65%。

木屑 40%，玉米芯 30%，稻壳 10%，米糠 17%，过磷酸钙 1%，石灰 1%，石膏 1%，含水量 65%。

稻壳50%、玉米芯30%、木屑20%（可在此配方基础上，降低稻壳占比，增加林地土1%、石灰0.1%）。

木屑59%、玉米芯40%、石灰1%（彩图11-3）。

制作方法：拌料、测水分、调pH6.0～6.5、装袋、灭菌。

注：木屑含量高，产量提高；栽培料培养基含水量过高会导致菌丝长势减弱。

（2）粪草培养基。

干稻草63%，玉米粉4%，干牛粪25%，大豆粉3%，过磷酸钙3%，硫酸镁2%。

干稻草79%，麦麸20%，石膏1%。

制作方法：稻草切成3厘米长的段，浸透水后捞起沥水至不滴水，拌入辅料，含水量65%左右。按常规装瓶、灭菌、培养。

干羊粪88%，碳酸钙12%。

制作方法：先将干羊粪浸湿，堆积12小时，使水分均匀渗入粪内，然后拌入碳酸钙即可。

注：原种和生产种的培养基可不变，但主原料以麦粒最好，木屑、刨木花次之，稻草最差。

195. 怎样制作原种及栽培种？

麦粒培养基的制作：新鲜麦粒筛选干净，浸泡24～48小时，放入锅中煮至没有硬心儿，捞出冷却拌入辅料，装瓶或者装袋，灭菌2.5～3小时，出锅冷却至20℃以下再进行接种（每只试管母种可接种原种或栽培种4～6瓶/袋）。

玉米粒培养基制作同上，浸泡10～12小时即可。

菌种培养条件：24～28℃黑暗条件下培养7～10天，菌丝萌发生长至菌斑直径4厘米左右时，立刻对菌丝进行人工搅拌，搅拌时接种点的菌丝被搅断受刺激，同时由于开瓶口（在超净台上进行）实际上给菌丝起增氧作用，有利于菌丝迅速生长，一般整个培养过程需25～30天，即可使菌丝长满瓶。长满瓶的原种接种到生产培养基表面，尽量铺满料面，以免杂菌污染，每瓶原种接不超过30瓶生产种，在24～28℃条件下培养7～10天，菌丝萌发生长至洁白、浓密、粗壮时，对菌丝进行人工搅拌，搅断菌丝，刺激其快速生长，一般 20～25 天生产种可长满全瓶。

注：大球盖菇转接时，如果选取相同培养基后长势转弱，原种与栽培种培养基可分别选择不同配方。

196. 怎样对建堆发酵原料进行预处理？

按配方将各种原材料混合均匀后，放入 1% 的石灰水中浸泡 6～12 小时，进行碱化处理和消毒，然后用清水浸泡使 pH 降低。浸泡过的栽培料自然沥水 12～24 小时，至含水量达到 70% 左右。栽培料含水量测定方法是用手抽取具有代表性的一小把料攥紧，若栽培料中有水滴渗出，而水滴是断线的，表明含水量适度；若水滴连续不断线，表明含水量过高，可延长沥水时间；若攥紧料后尚无水滴渗出，表明含水量偏低，必须补足水分。当地气温在 25℃ 以下时，处理好的料可直接铺料播种。当地气温在 25℃ 以上时，栽培料必须建堆发酵再播种（栽培料发酵质量直接影响大球盖菇的产量）。栽培料发酵质量好，则出菇健壮、均匀，产量高；反之则出菇弱小、产量低。

197. 建堆有哪些技术要领？

建堆时，将浸透水的栽培料堆成底宽 2.0～2.5 米，高 1.0～1.2 米，长不限的梯形料堆，然后用直径 5 厘米的木棒每间隔 50 厘米打孔透氧，孔最好呈"品"字形，打完孔后用草帘遮盖堆料表面。若用塑料薄膜遮盖，只遮盖料四周，不盖料面，以利透气。当料堆温度升至 60℃ 以上时开始计时，持续 24～48 小时后第 1 次翻堆。翻堆就是将料堆上下料、里外料互调位置，即将料堆表层 10～20 厘米的料翻到料堆中间，将中间料翻到料堆底部和表面，翻堆后堆形同初堆。当料温再次升至 60℃ 以上时，按第 1 次翻堆方法进行第 2 次翻堆，共翻堆 2 次。栽培料发酵好后，待料温降至 28℃ 以下时即可铺料播种。

198. 播种有哪些方式？

（1）单层播种。第 1 层铺料厚 8～10 厘米，将麦粒菌种掰成核桃大小播种，梅花形点播，间距 10～12 厘米，然后铺料 10 厘米厚左右。用直径 3～4 厘米的木棒，在覆土层上每隔 30 厘米打深度约为 20 厘米的孔通气，最后用厚 2～3 厘米的稻草覆盖保湿。

（2）双层播种。将发酵后的栽培料铺于整好的畦面，第 1 层料厚 8～10 厘米，第 2 层料厚 10～12 厘米，第 3 层料厚 4～5 厘米，铺料时保证栽培料平实；播种时将麦粒菌种掰成核桃大小，播种量为 0.8～1.0 千克/米²，播于第 1 层与第 2 层料、第 2 层与第 3 层料之间，梅花形点播，间距 10～12 厘米，第 1 层菌种用量为总用种量的 1/3，第 2 层菌种用量为总用种量的 2/3。在第 3 层料上层再覆盖厚度 2～3 厘米的林地土和草炭土各半的混合土。用薄草帘或稻草覆盖保湿，覆草厚度以不见覆土为宜。

199. 发菌有什么要求？

菌丝生长温度为 13～28℃，适宜温度 20～25℃，适宜的培养料含水量 65% 左右，空气相对湿度为 85%～95%。播种后，应根据实际情况采取相应调控措施，保持菌丝生长的适宜温度和湿度。发菌时主要看料温，料温宜低不宜高，否则易造成烧菌。播种后 20 天之内，一般不喷水或少喷水，待菌种萌发、定殖并生长到培养料的 1/2时，可以适当喷水。如果菌丝生长旺盛有力，说明水分适宜。切勿天天喷水而引起菌丝衰退。温度、湿度适宜，播种后 50 天左右即可出菇（具体出菇时间视栽培方式及配方而定）。

200. 覆土管理有哪些要求？

覆土后必须调整覆土层含水量，要求普通菜园土土壤的含水量达 38%～40%，草炭土含水量 60%～62%。调整原则是完全浸湿覆土又不会对培养料产生影响。之后每隔 2～3 天再浇水 2 次，每平方米浇水 1 千克。覆土后料温维持在 25℃，室温 20～22℃，当一半的覆土表面长满菌丝时，要加强菇房通风，保证室内温度降至 17～18℃，料温 20～21℃，空气相对湿度 92% 以上。

201. 出菇时有什么温度、湿度要求？

菌丝长满覆土后，即逐渐转入生殖生长阶段。一般覆土后 15 天就可出菇。此阶段的管理是大球盖菇栽培的又一关键时期。由原基到子实体形成的过程，生长速度不断加快，会产生大量热量、二氧化碳和水分。子实体重量的增加主要是吸收水分的结果，这一阶段需水量较大，必须提高培养料和覆土中的水分。

（1）温度要求。第一潮菇发育过程中，培养料温度升高。生长的营养需求和增加的代谢活动产生会更多的热量，其中一部分会蒸发排出去，其余的热量就会导致培养料温度上升，因此，需要更低的室温以维持料温，要求控制室温16～17℃，料温20～21℃；通风量要适当加大。

（2）打水要求。子实体长度至3～4厘米时，料面可打水。打水要充足，以确保第一潮菇采收后，覆土中的水分仍然够支撑第二潮菇菇蕾产生；打水也不可过度，过多的水分会导致菌丝生长停滞；打水后，要在2～3小时内加强内循环使菇体表面干燥，以免产生细菌斑。

202. 怎样采收大球盖菇？

大球盖菇子实体从现蕾（即小原基）到成熟需5～7天。根据成熟程度、市场需求及时采收。当子实体的菌褶尚未破裂或刚破裂，菌盖呈钟形时为采收适期（彩图11-4），最迟应在菌盖内卷、菌褶呈灰白色时采收。若子实体开伞，其菌褶转变成暗紫灰色或黑褐色，会降低商品价值。达到采收标准时，用拇指、食指和中指抓住菇体的下部，轻轻扭转一下，松动后再向上拔起。

采收的鲜菇应去除菇体残留的泥土和培养料等，剔除病虫菇，放入塑料筐，尽快运往销售点鲜销。在2～5℃条件下鲜菇可保鲜3～5天，贮存时间太长，品质会下降。

203. 转潮管理有哪些注意事项？

第一潮菇结束后，可以适当提高料温，再降温。降温后，培养料活性（指料温与室温之间温差）会增加，第二潮菇就开始生长。第二潮菇生长阶段二氧化碳浓度和空气相对湿度相比于第一潮菇催蕾期稍低。第一潮菇结束时，就要停止给第二潮菇打水，只有子实体长到一定程度时，才重新打水。第三潮菇管理同第二潮。

204. 大球盖菇怎样分级？

根据成熟程度、市场需求及时采收。子实体从现蕾到成熟高温期仅需 5～8 天，低温期适当延长。大球盖菇分级主要根据子实体高度、菌柄长度、菌柄粗度以及是否开伞进行，其中一级、二级品均为子实体高度不小于 5cm 的未开伞菇，菌柄短粗，符合上述标准的产品价格较高，较易进入市场销售。具体分级情况可查阅相关标准。切勿为收获重量更大的个体而延缓采集，从而导致个体太大、口感下降，以及运输途中开伞，同时也不符合高等级产品的要求。

205. 生产中出现杂菌或害虫怎样处理？

首先要明确的是，杂菌很难根除，杂菌污染不会大规模影响生产即可接受。杂菌多在高温季节出现，如局部绿霉菌、根霉菌繁殖，可将污染部位用铁锹铲除，并覆盖少量石灰，盖新土；如污染部位较多，则可使用 5% 草木灰水溶液浇淋畦面。大球盖菇生产时常出现鬼伞、盘菌、蛋巢菌等杂菌，可及早拔除带出棚外，降低污染。出现菇蚊、菇蝇时，可采用黄板和杀虫灯诱杀，也可使用高效、低毒、低残留的农药防治，但出菇期不得使用农药。

206. 怎样制作盐渍菇？

大球盖菇采收后清洗根部泥沙，必要时可切根。洗净后放入 5% 食盐沸水中杀青 8～12 分钟，具体时间视菇体大小而定，切忌长时间煮制，防止菇体松散，煮至菇体中心熟透即可。煮好后迅速置于冷水或流水中冷透，煮制时不能使用铁锅，否则菇体易褐变。配制 40% 的饱和食盐水，烧开后冷却至室温，将大球盖菇置于食盐水中腌制 10 天，转缸 1 次，重新注入饱和食盐水，盐水浓度稳定在 26%，即可装桶贮存和销售。

207. 怎样制作干菇？

制备干菇前 2 天停止喷水，采收时注意去除菇体根部的泥土和菌盖上的鳞片，清洗后晾晒不超过 4 小时。将烘干机预热至 45～50℃，关机；将鲜菇摆放在层架上，按照菇体从小到大，依次从上到下按层摆放，再将烘干温度调制 30～40℃，环境湿度较大时，温度可稍高，但不超过 40℃，保证烘干房通风良好。

菇体定型（菌褶稍干燥，不倒伏）后，调低温度值至 26℃，保持 4 小时；然后每小时升温 3℃至 50℃左右，维持至少 6 小时；缓慢升温至 60℃持续烘干；可取出晾晒 2 小时再次烘干，当菌柄易折断时即烘干结束。

十二、羊肚菌生产关键技术

208. 所有的羊肚菌都可以人工栽培吗?

羊肚菌（彩图 12 - 1）是羊肚菌科羊肚菌属内所有种类的统称，并不是指一个具体的物种。羊肚菌属中常见的物种有：狭脉羊肚菌、多脉羊肚菌、粗柄羊肚菌、美味羊肚菌、高顶羊肚菌、可食羊肚菌、危地马拉羊肚、梯棱羊肚菌、花园羊肚菌、展开羊肚菌、红棕羊肚菌、硬直羊肚菌、七妹羊肚菌、六妹羊肚菌、离盖羊肚菌、哇泼拉羊肚菌等。

目前国内栽培的羊肚菌品种主要是梯棱羊肚菌、六妹羊肚菌、七妹羊肚菌。其他的物种栽培量很少，最新驯化成功的有 Me - 21，但产量不高或不出菇，有的物种甚至根本没有栽培。

209. 羊肚菌栽培所需要的营养条件及常用的菌种基质配方是什么?

碳源、氮源、生长因子、微量元素等都对羊肚菌菌丝体的生长表现出一定作用。羊肚菌生长的良好碳源是玉米、淀粉、麦芽糖、果糖、葡萄糖、蔗糖，且玉米和葡萄糖均是较好的碳源。良好的氮源是半胱氨酸、天冬氨酸、亚硝酸钠、硫酸铵、硝酸钠，且硫酸铵的效果最好。维生素 B_1、维生素 B_2、维生素 B_6、维生素 H、叶酸对羊肚菌菌丝生长有明显的促进作用，尤其是维生素 B_1；而维生素 B_{12} 和维生素 C 有抑制作用。适量的锌、铜、硒等元素对羊肚菌菌丝生长也有积极作用，这些微量元素中的有些元素间还表现为协同作用。

常用原种培养料配方有如下几种。

（1）小麦 95％，稻壳 3％，石膏 1％，碳酸钙 1％。

（2）小麦 95％，木屑 3％，石膏 1％，碳酸钙 1％。

（3）小麦 50％，木屑 30％，麸皮 17％，磷肥、石膏、碳酸钙各 1％。

（4）小麦 40％，平菇、金针菇出菇干废料 38％，米糠 20％，石膏、碳酸钙各 1％。

（5）小麦 60％，米糠 19％，细木屑 19％，石膏、碳酸钙各 1％。

（6）谷粒 80％，杂木屑 5％，米糠 10％，磷肥、石膏各 1.5％，碳酸钙 2％。

（7）小麦 26％，杂木屑 26％，谷壳 26％，米糠 20％，磷肥 1％，石膏 1％。

210. 羊肚菌栽培所需要的环境条件是什么？

（1）温度条件。羊肚菌属低温型的菌类，地下菌丝体在早春 1～2℃时就开始生长。生长温度与一般低温型的食用菌相近，温度范围 4～25℃，菌丝体较适宜生长温度为 18～24℃，子实体形成与发育生长温度为 4～16℃，适宜温度是 12～15℃，在 25℃时菌丝日长速最快，但菌苔层薄，易老化；大于 5℃的有效积温也是影响生长发育的一个重要因素，在生长发育期内，如果大于 5℃的有效积温达不到 390～420℃就会影响子实体的形成。

（2）湿度条件。羊肚菌对湿度的反应比较敏感。因此，掌握好一定的湿度条件是保障羊肚菌生长培育、提高产量和品质的重要条件之一。羊肚菌栽培对湿度环境的要求主要包括 2 个方面：一是栽培基料（表土基料或菌包基料）的湿度，适宜的湿度对初期菌丝体健康生长至关重要；二是空气相对湿度，适宜的空气相对湿度对子实体正常形成、生长有极其重要的影响。经有关食用菌研究机构试验对比，培养菌丝体基料（表土基料或菌包基料）的适宜含水量为 55％～65％，子实体形成生长期适宜的空气相对湿度为 65％～85％。湿度过低，菌丝体停止生长，子实体会空体、枯萎；湿度过高，菌丝体生长缓慢或自溶，子实体会死亡、腐烂。

（3）光照条件。羊肚菌在栽培、生长过程中，菌丝的生长需要避光保湿，子实体生长阶段需要弱光照，采用自然光或白炽灯光均可，但不宜太阳光直接照射。适当的弱光（闪射光）会刺激子实体的形成或生长。子实体生长发育期，需要自然光量的15%～25%，因此，人工栽培需要用遮阳网对菌棚四周进行覆盖，以防止光照过强破坏菌体表面组织，使菌体萎缩、坏死。

（4）空气条件。羊肚菌属好气型真菌，其菌丝体生长阶段和子囊果形成阶段均需新鲜空气。通气状况良好，有利于菌丝的健壮生长以及子囊果的分化和生长发育；通气状况不良，容易发生柄长盖小的畸形菇，影响品质，降低商品价值。尖顶羊肚菌菌丝体生长能耐受较高的二氧化碳浓度，当二氧化碳浓度在空气中达2.2%时，菌丝生长达到最大值。当二氧化碳浓度超过0.3%时，就会使子实体生长无力，出现畸形分化，甚至有腐烂现象。因此，在培养时应注意通风，否则就会引起二氧化碳浓度过大，影响生长。

（5）酸碱度条件。羊肚菌生长培养基或土壤的pH在5.0～8.0之间，菌丝均可生长，但适宜pH在6.5左右。

211. 如何选择羊肚菌的栽培季节和栽培场地？

（1）栽培季节。羊肚菌属于低温型真菌，在栽培中避开高温季节是仿生栽培羊肚菌的总原则。羊肚菌菌丝生长最适宜的温度为18～24℃，子囊果分化温度为4～12℃，子囊果生长适宜温度为12～16℃，根据菌丝体和子囊果生长的适宜温度，结合本地区的气候条件，对尖顶羊肚菌的栽培时间进行适时调整。因此，尖顶羊肚菌的栽培种制作和接种宜在初夏，种植季节宜在霜降来临之前。

（2）栽培场地。羊肚菌栽培选择微酸性红、黄沙壤土，前茬为豆科或禾本科作物，轮闲地或生荒地更为理想，要有一定坡度，以便排水，但坡度不宜超过15°，以免雨水冲刷。整地在头一年的早春季节进行，深翻、烧去杂草、树根，增加土壤磷、钾含量。以后根据地块情况再翻挖1～2次，做到充分腐熟和自然消毒。种植前1个月，结合整地，每公顷施入腐殖质肥30～37.5吨，待种。

栽培地应选在环境清洁、空气清新、水质无污染的地方，同时还应具备地势低、水电便利的条件。栽培地的设置除了场地选择，还要兼顾防暑性、遮光性和配套设施。尖顶羊肚菌虽是低温型菌，但是发菌期所需温度应在 18～25℃，保证子囊果生长时期生命活动旺盛，因此，要求栽培地的保温性和通气性要好。

212. 如何检测羊肚菌母种的质量？

羊肚菌母种菌丝体浓密程度均匀一致，气生菌丝较为旺盛，仔细观察试管壁可以见到很粗的单根菌丝及其分枝，菌丝体呈黄褐色、淡黄色，能够形成菌核的菌株有适量的菌核出现时，说明母种质量较好。显微镜下的气生菌丝较为丰满，边缘菌丝向外呈辐射状或放射状排列，不内卷；肉眼看不见菌核的菌株，在显微镜下可以观察到其大量细小的菌核存在。

老化的母种容易观察到菌丝体或培养基变成黑褐色、灰褐色，显微镜可观察到老化的菌种出现大量干瘪的气生菌丝，气生菌丝尖端内卷。

213. 羊肚菌生产投资与效益是怎样的？

目前羊肚菌栽培的鲜菇产量差异很大。技术成功稳定的栽培种产量为 100～500 千克/亩，菌种和技术出了问题的栽培种产量只有 0～50 千克/亩。

大田栽培生产一般是 11 月至 12 月播种，翌年 2 月至 3 月采收，全程 4～5 个月。羊肚菌采收以后可以继续播种水稻、玉米等大宗作物，不耽误生产季节。

鲜羊肚菌管理得当的情况下产量为 100～300 千克/亩，多年来的平均单价在 120～200 元/千克。按鲜：干＝(8～13)：1 的比例，干品产量为 10～32 千克/亩，收购价 700～1 000 元/千克，零售价 1 300～2 000 元/千克。除去各项成本，菇农可获得的纯利润不小于 5 000 元/亩。

214. 羊肚菌原基的形成及保护是怎样的？

正常情况下，羊肚菌菌株形成原基的数量越多，子实体产量越高在沙质土、沙壤土土质中，保湿条件较好的状态下，原基容易在土壤表面形成，肉眼可以看到较小的小白点状的原基（彩图 12 - 2）。相

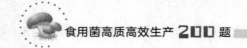

反，保湿状态不好，土壤偏干，不容易在表面形成原基。

在土壤质地是黏土、土粒较大的田块中很难直接在土面看到原基，这些田块的原基是在土块的缝隙下面、土层表面以下几毫米的位置形成，只有当原基达到 5～10 毫米的高度，顶出土面以后才能看见。

幼小的原基抵抗自然条件变化的能力很弱。原基形成以后，未长至 10 毫米高以前最为脆弱，遇下雨、喷水，导致水渍或水淹，在原基表面形成了一层水膜，隔绝了原基生长所需的空气，24 小时内就会导致其死亡；遇干热风吹袭，也会立即死亡；突然降温，温度低于 8℃，或突然升温，温度高于 18℃时，原基都容易大量死亡并消失。

215. 羊肚菌边缘出菇效应是什么？

羊肚菌的子实体发生常常集中在栽培畦面的两个边缘，畦面中央的子实体数量相对很少，表明羊肚菌出菇具有明显的边缘效应。栽培过程中容易在走道沟内出菇，有时也叫"沟沟效应"。

边缘效应的发生原因是畦面边缘或走道沟内的湿度条件较好，最容易形成原基，子实体也可以正常生长；同时，边缘是羊肚菌菌落之间的接触带，容易产生种内拮抗效应；边缘还是羊肚菌菌丝与土壤内的外群微生物竞争的位置，羊肚菌会首先在此形成子实体。栽培技术必须考虑尽量扩大边缘效应，使边缘效应发挥到极致，可以采取沟播、条播、垄播或窝播、点播的方式进行，尽量加长边缘的长度和数量。在条与沟之间、窝与窝之间形成大量的边缘，菌丝分别向两侧生长，在边缘处交汇，在交汇的地方就会成行或成圈出菇。

216. 如何延长羊肚菌出菇期？

延长出菇期措施主要包括：

（1）地域选择。选择适合子实体原基形成、生长发育适宜温度持续时间较长的地区进行栽培，如高原、高海拔的山区、北方地区、西北地区等。

（2）保温措施。在播种以后的冬季，在地面直接覆盖黑色微地膜或小拱棚遮盖；大棚采用 6 针遮阳网加上一层厚膜，可以提前 15～

25 天出菇。

（3）提前播种。将播种时间提前到 11 月底之前；并提前摆放营养料袋，在播种后的 7～10 天即可摆放。

（4）防止高温。春季 3 月下旬容易出现高温，可以在大棚内再增加一层 6 针的遮阳网遮盖，防止棚内发生高温；还可以在遮阳网上连续喷水降温。

（5）防雨措施。每年出菇的季节，往往是各地春天多雨的时段，常常出现 10～20 天的阴雨，雨水通过单层遮阳网后积累成很大的水滴，直接溅落在土壤表面，溅起的土粒和水珠直接接触羊肚菌子实体，导致原基死亡，严重的会造成绝收；同时，大菇表面积累大量土粒，无法食用。采用双层遮阳网可以有效防止雨水淋湿土壤，防止雨水滴下。

217. 畦面覆盖可能导致羊肚菌减产或绝收的原因是什么？

植物与羊肚菌争夺营养物质、水分和生存空间；植物密度越大，羊肚菌子实体生长空间的湿度越大，子实体容易倒伏和发生病虫害，导致减产甚至绝收。覆盖植物秸秆后，提供了一个保温保湿的物理料层，对羊肚菌菌丝体生长和子实体生长是有利的，但是这个空间层内湿度高、温度相对较高，特别容易滋生各种杂菌和害虫，导致减产。

在南方平原、丘陵地区，春季高湿度的情况下，容易发生虫害，土壤表层滋生各种跳虫。跳虫从羊肚菌菌柄基部的空洞口进入羊肚菌子实体内部，专门蛀食羊肚菌内壁的菌肉，采摘时才会发现子实体内部已经空了，完全失去商业价值。在土壤表面高湿度的情况下，还容易滋生蛞蝓、蜗牛、蚊蝇幼虫、线虫等，专门蛀食子实体表面，导致羊肚菌倒伏、畸形而减产。

为了保温、保湿、抑制杂草发生、防止雨水冲刷，可以用黑色或白色地膜覆盖畦面，或用小拱棚遮盖畦面。

218. 如何避免羊肚菌重茬的问题？

在自然生态系统中，共生性菌，一般都会在原地多年出菇，这是因为有机营养主要来源是植物体。而腐生性菌在同一个地点连续多年出菇的概率比较低，因为其子实体大量生长以后，会消耗掉该菌喜好的营养物质，分泌出或残留下对自己生长不利的物质，所以不会在同一地点连年发生。

羊肚菌属于一类特殊的腐生性菌，在同一块耕地上连续栽种一般会减产或绝收。实践证明，在羊肚菌收获以后再继续栽培水稻，土壤经过连续几个月的淹水状态，即厌氧处理以后，杀死了许多有害生物，重新积累营养物质，在水稻收获以后，又可以栽培羊肚菌。一般的旱地连作栽培中，羊肚菌减产的风险很大。在羊肚菌产量很高的大棚内栽培，羊肚菌收获以后，夏季可以不种植其他的植物，进行淹水处理，杀灭大多数有害的生物，如此一来，就可以继续栽培羊肚菌，这种模式可以减少搭建大棚的原料，尤其可以节省人工成本。

219. 用羊肚菌组织分离法分离菌种的注意事项是什么？

一般不要选择菌盖歪斜、顶部不尖或有明显病害的子实体；不要选择很老的子实体做组织分离，由于子实层已经发育成熟，很容易在取组织的同时取到孢子，成为混合菌种；而幼嫩的子实体不容易污染，组织分离容易成功。

因为羊肚菌菌丝体生长速度很快，采用悬挂法、断斜面法分离，羊肚菌菌丝很容易穿过没有培养基的试管壁，长到没有污染的主培养基上（彩图12-3）。即使原始接种块上有细菌或霉菌污染，其生长速度也不及羊肚菌，不容易跨过断面，羊肚菌新菌丝长入主培养基后，可以立即灼烧接种块，解决了分离容易污染的问题。

分离菌种一定不要用酒精、升汞、煤酚皂、甲醛、二氯异氰尿酸钠等消毒剂对子实体表面进行消毒，因为这些消毒剂容易浸入子实体内部，杀死菌丝，导致所有分离物都不成活；也不需要用无菌水多次清洗，水容易渗透入菌肉组织，把表面的杂菌带入接种块导致污染。组织分离时可以把子实体表面快速在酒精灯火焰上通过2~3次，适当灼烧一下表面；孢子分离不需要这样操作。切取组织块时，尽量不要穿过菌肉，因为没有表面消毒，容易导致组织块全部污染。

菌种分离时接种块最好不要直接放在培养基上。因为组织块、孢子都没有经过消毒处理，上面很容易带有细菌或霉菌孢子，这些杂菌极容易把羊肚菌的菌丝盖住，导致分离失败。一般采用悬挂分离方法比较好。

悬挂分离或转接菌种时，要细心地把接种物稳稳地贴在试管壁上，移动时要轻拿轻放，以免接种物掉落接触到培养基上导致污染。

220. 羊肚菌菌种如何保藏？

（1）枝条保种法。取1厘米长，直径0.5～0.8厘米的阔叶树的细枝节，在5％蔗糖液中煮沸30分钟，滤出树枝节。取滤液拌米糠和木屑，比例为2：1：1，加入1％碳酸钙，将滤出的树枝节与之拌匀。装入15毫米×150毫米或18毫米×180毫米的试管中，每管装2～3节，周围添加细料，装料高度达到试管高度的1/2左右，清洗试管壁和管口，塞棉塞或乳胶塞。高压灭菌，接种培养。待菌丝7～10天长满管后，即可放入干燥环境中或4℃低温下保存1～2年。

（2）长斜面培养基保存法。试管培养基制作如常规方法。将琼脂试管做成均匀的长斜面，斜面长5～10厘米，先使用棉塞封口，接入菌丝，菌丝体长满斜面后，在无菌环境中将棉塞换成灭菌后用75％酒精清洗过的乳胶塞，再装入密封的塑料袋内，放入冰箱冷藏室内可以保存2～3个月，用此方法到保存时间后必须转接保存。

（3）短斜面培养基保存法。将琼脂试管做成柱状的短斜面，斜面长1～2厘米，先使用棉塞封口；接入菌丝，菌丝体长满斜面后，在无菌环境中将棉塞换成灭菌后用75％酒精清洗过的乳胶塞，放入冰箱中的冷藏室内可以保存8～12个月，如此转接可保存多年。

（4）柱状培养基保存法。将琼脂试管做成柱状，无斜面，先使用棉塞封口，接入菌丝，菌丝体长满面后，在无菌环境中将棉塞换成灭菌后用75％酒精清洗过的乳胶塞，放入冰箱中的冷藏室可以保存12～24个月，如此转接可保存多年。

221. 在羊肚菌栽培中常用的农业设施的种类有哪些？

农业设施是采用人工技术手段，改变自然光温条件，创造优化动、植物生长的环境因子，使种养物能够全天候生长的设施工程。农业设施是个新的生产技术体系，它的核心设施包括环境安全型温室、环境安全型畜禽舍、环境安全型菇房。关键技术是覆盖材料能够最大限度利用太阳能，做到寒冷季节高透明高保温；夏季能够降温防苔；能够将太阳光无用光波转变为适应光合作用需要的光波；有良好的防尘抗污功能等。根据不同的种养品种需要设计不同设施类型，同时选择适宜的品种和相应的栽培技术。

设施园艺按技术类别一般分为连栋温室、日光温室、塑料大棚、小拱棚（遮阳棚）四类。除连栋温室外均较适于羊肚菌栽培，日光温室适用范围更广，在高温季节和低温季节均可通过设施手段创造适于羊肚菌生长的环境（彩图2-4）。

（1）塑料连栋温室以钢架结构为主，主要用于种植蔬菜、瓜果和普通花卉等。其优点是使用寿命长，稳定性好，具有防雨、抗风等功能，自动化程度高；其缺点是一次性投资大，对技术和管理水平要求高，更多用于现代设施农业的示范和推广。

（2）日光温室的优点是采光性和保温性能好、取材方便、造价适中、节能效果明显，适合小型机械作业，其缺点在于环境的调控能力和抗御自然灾害的能力较差。东北、甘肃、青海、新疆、山西和山东等地区的日光温室分布比较广泛。

（3）塑料大棚是我国北方地区传统的温室，农户易于接受，塑料大棚按其内部结构用料不同，分为竹木结构、全竹结构、钢竹混合结构、钢管（焊接）结构、钢管装配结构以及水泥结构等。总体来说，塑料大棚造价比日光温室要低，安装拆卸简便，通风透光效果好，使用年限较长，主要用于果蔬瓜类的栽培和种植。其缺点是棚内立柱过多，不宜进行机械化操作，防灾能力弱，一般不用于越冬生产。

（4）小拱棚（遮阳棚）的特点是制作简单，投资少，作业方便，管理非常省事。其缺点是不宜应用各种装备设施，劳动强度大，抗灾能力差，增产效果不显著。

222. 生产羊肚菌的日光温室的设计是怎样的？

日光温室是一种我国自主研发的设施类型，由于能够充分利用太阳能，在我国北方大部分地区一般不需要额外辅助加温即可实现喜温果菜的安全越冬生产，具有较高的经济效益和社会效益，近年来得到了广泛的应用。

日光温室是根据温室效应的原理建造的。太阳通过透明材料进入室内，使进入室内的太阳辐射能多于温室向周围环境散失的热量，以此来提高室内环境温度。设计温室必须采光合理、保温效果好、经久耐用、便于操作、有利于作物生产，同时还应能合理利用建筑材料和最大限度地利用设施内的土地和空间。

合理的设计是确保日光温室白天能够尽量多截获、贮藏太阳能，夜间具有良好保温效果的关键。日光温室的设计主要是确定5类最重要的结构参数，即温室的跨度、前后屋面角度、高度、墙体的厚度、后屋面的水平投影长度。这5类参数是相互影响的，共同决定了温室的性能。

（1）跨度。指日光温室南侧底脚至北墙之间的宽度。目前我国北方地区，特别是北纬40°以北的寒冷地区，日光温室的跨度大多在8～10米，可以保证作物有较为充裕的生长空间和较为便利的作业条件。

（2）前后屋面角度。包含前屋面角度和后屋面角度两个参数。前屋面角是指从日光温室南侧底脚至屋脊最高点的连线与地平面的夹角。前屋面角是否合理，对于温室的采光性能是否良好具有重要作用。前屋面角的确定方法和建设地所在纬度有紧密关系，一般在北纬40°以南地区，日光温室前屋面角度取26°～29°角，北纬40°地区，取30°角；北纬40°以北地区，取31°～33°角。后屋面角指的是温室后屋面与水平面的夹角，它决定了屋脊与后墙的高差；后屋面角最好要大于当地冬至日太阳高度角7°～8°，后屋面角一般取40°～45°角。

（3）高度。指日光温室屋脊至地面的距离。当日光温室的跨度、前屋面角度确定了，温室的高度基本也就确定了。以8米跨度的温室为例，在北纬40°以南地区，日光温室高度取3.5～4米；北纬40°地区，取4米；北纬40°以北地区，取4.1～4.5米。

（4）墙体厚度。日光温室墙体不仅起承重、隔热的功能，也起着蓄放热量的功能，因此最好采用复合模式来砌筑日光温室，即内侧选用蓄热系数大的建筑材料，外层选用导热功能差的保温材料。墙体的厚度和冬季室外温度有关，室外温度越低，相应的墙体厚度就越大。目前砌筑墙体通常采用 37 砖墙或 50 砖墙，外贴 10 厘米厚、密度为 20 千克/米³ 的聚苯板的做法，这种墙体的优势是寿命长、性能好，缺点是砌筑费用高。所以有些地区的农业种植者，选用土墙作为温室的墙体，土墙的厚度也不是越厚越好，从蓄热的角度来说 1 米厚就足够了，但从保温的角度来说，还要再增加到 2～3 米。土墙的优势是造价低、性能也不错，但缺点同样很明显，就是在降水量比较大、土质黏结力不好的地区，土墙容易坍塌。

（5）后屋面水平投影长度。主要是反映后屋面的长短。在寒冷区域，后屋面水平投影长度一般取温室跨度的 20%；在气温较高的地区后屋面水平投影就适当短一些，控制在 1 米左右，有时甚至可以取消后屋面。

223. 栽培羊肚菌的日光温室温度特点及调控措施是什么？

（1）日光温室温度特点。实测气温日变化，发现日光温室内气温的日变化规律与外界基本相同，即白天气温高，夜间气温低。但晴天日光温室内的昼夜温差明显大于外界，这是日光温室内温度变化最显著的特点之一。通常在早春、晚秋及冬季的日光温室中，晴天最低气温出现在揭草毡后 0.5 小时左右，此后，温度开始上升，上午每小时平均升温 5～6℃；到 12:30 左右，温度达到最高值（偏东温室略早于 12:30；偏西温室略晚于 12:30）；下午气温迅速下降，从 12:30 到 16:00 盖草毡时，平均每小时降温 4～5℃；16:00 盖草苫后气温下降缓慢，从 16:00 到次日 8:00 仅降温 5～8℃。晴天室内昼夜温差可达 20℃，阴天室内的昼夜温差很小，一般只有 3～5℃。

（2）日光温室保温措施。保温主要是防止进入日光温室内的热量散失到外部，保温措施应主要从减少贯流放热、换气放热和地中热传导三方面考虑。

①减少贯流放热和换气放热。贯流放热是指日光温室获取的太阳辐射能转化为热能以后，以辐射、对流方式传导到与外界接触的各结构（后墙、山墙、后屋面、前屋面薄膜）的内表面，再由其内表面传

导到外表面，再以辐射和对流方式散到大气中。换气放热是指由于园艺设施内外空气交换而导致的热量损失，与园艺设施缝隙大小有关。目前减少贯流放热和换气放热主要采取：减小日光温室覆盖材料、围护材料和结构材料的缝隙；采用热阻大的材料作覆盖材料、围护材料和结构材料；采用多层保温覆盖等措施。其中多层保温覆盖主要采用室内保温幕、室内小拱棚和室外覆盖等方法进行覆盖保温。

②减少地中热传导。地中热传导有垂直传导和水平横向传导两种，垂直传导的速度主要与土质和土壤含水量有关，通常黏重土壤和含水量大的土壤热导率大；而水平横向传导除了与土质和土壤含水量有关外，还与室内外地温差有关。因此，减少地中垂直热传导可采取改良土壤，增施有机质使土壤疏松，并避免土壤含水量过多等措施；而减少土壤水平横向热传导除了采取如上措施外，还要在室内外土壤交界处增加隔热层，以切断热量的横向传导，如在日光温室四周地基增加聚苯板等隔热材料，或在室外设置防寒沟，或在室外温室周围用保温覆盖物覆盖土壤等，以减小室内外土壤温差。

（3）日光温室增温措施。

①增大太阳能截获和透光率。增大太阳能截获和透光率是日光温室增温的主要措施之一。而增大日光温室太阳能截获和透光率要求温室具有合理的采光前屋面角和采光面积。

②增加太阳能蓄积。增加太阳能的蓄积是日光温室增温的另一个主要措施。通常日光温室内最高昼温高于羊肚菌生育适温，如果把这些多余能量蓄积起来，以补充晚间温度的不足，将会大量节省寒冷季节羊肚菌生产的能量消耗。因此，节能日光温室除了考虑合理采光和保温以外，还要考虑合理蓄热。日光温室可考虑的蓄热方式主要有两方面，一是日光温室结构蓄热，主要是墙体蓄热，即日光温室在设计时就要确定墙体的合理蓄热体积。二是日光温室内设装置蓄热，主要有地中或墙体内热交换蓄热、水蓄热、砾石和潜热蓄热等。

（4）日光温室降温措施。

①通风换气。通风换气是最简单且常用的降温方式，通常可分为自然通风和强制通风两种。自然通风的原动力主要来自风压和温差。据测定，风速为 2 米/秒以上时，通风换气以风压为主要动力；而风

速为 1 米/秒时，通风换气以室内外温差为主要动力；风速在 1～2 米/秒时，根据换气位置与风向间的关系，风力换气和温差换气有时相互促进，有时相互拮抗。强制通风的原动力是换气扇，在设计安装换气扇时，要注意考虑换气扇的选型、吸气口的面积、换气扇和吸气口的安装位置以及换气扇常用量等。

②采取人工降温措施。一是蒸发冷却法。目前日光温室采用的蒸发冷却法降温主要是细雾降温法，这种方法主要是通过水分蒸发吸热而使气体降温。这种方法易提高室内空气相对湿度。二是冷水降温法。冷水降温法是采用 20℃ 以下的地下水或其他冷水通过散热系统降低室内温度。这种方法投资大，但空气相对湿度增加较小。三是湿帘风机降温法。湿帘风机降温法主要采用负压纵向通风方式，一般是将湿帘布置在日光温室一端的山墙，风机则集中布置在与湿帘相对应的山墙上。如果日光温室两墙距离在 30～70 米，此时的风机湿帘距离为采用负压纵向通风方式的最佳距离，可选择纵向通风；若日光温室一端山墙建有缓冲间或工作间时，湿帘应安装在邻近的侧位上，如与山墙距离小于 70 米，也可用纵向通风。

224. 栽培羊肚菌的日光温室如何调控湿度？

（1）降低空气相对湿度。降低日光温室空气相对湿度的措施主要有主动降湿和被动降湿两类。利用人工动力或依靠水蒸气和雾等的自然流动，使日光温室内保持适宜湿度环境，为主动降湿。不利用人工动力（电力等），不靠水蒸气或雾等的自然流动，使日光温室内保持适宜湿度环境，称被动降湿。

降低空气相对湿度可通过减小密闭温室的昼夜温差。寒冷季节要注意加强保温，特别是防止密闭温室内急剧降温，一般日光温室覆盖草苫至揭草苫期间温差最好在 5℃ 左右，最大不宜超过 8℃。也可通过加温降湿，效果比较明显，但耗能较多。

（2）减少地面蒸发和菇体蒸腾。

①改良灌水方法和控制灌水量。采用根域限量微喷、滴灌或渗灌技术，避免采用喷灌和垄沟大水漫灌。同时，控制灌水量，避免过量灌水，特别是低温季节还要控制灌水次数。这样不仅可以提高水分利

用率，而且可以减少地面蒸发和作物蒸腾，从而降低空气相对湿度。

②地膜覆盖。地膜覆盖可抑制土壤表面水分蒸发，提高室温和空气湿度饱和差，从而降低空气相对湿度。

（3）日光温室加湿。在干旱地区的春、夏、秋季节，有时空气相对湿度过小，需要进行人工增湿。①地面灌水增湿。在干旱地区高温季节，采用灌溉增湿的主要方法是"少吃多餐"的灌溉方式，即每次灌溉量要少，但要勤灌，同时尽量使地表全部湿润，促进地表蒸发。②喷雾增湿。目前生产上有专门温室用加湿机。这种机器系统由主机、喷雾系统、高压水管路系统、检测控制系统4部分组成。机器的工作原理是利用高压泵将水加压，经高压管路至高压喷嘴雾化，形成飘飞的雨丝，雨丝在空气中快速蒸发，从而达到增加空气湿度、降低环境温度和去除灰尘等多重功效。除以上两种措施外，也可结合湿帘降温系统进行加湿。

225. 栽培羊肚菌的日光温室光照特点及调控措施是什么？

日光温室内太阳辐射变化规律受外界太阳辐射、日光温室太阳能截获及太阳辐射透过率等的影响。外界太阳辐射受季节、地理纬度及大气透明度的影响；日光温室太阳能截获受温室前屋面角度的影响；太阳辐射透过率受温室前屋面角度及覆盖材料的太阳辐射透过率的影响。因此，日光温室内太阳辐射变化规律的影响因素较多，较为复杂。

（1）日光温室内太阳辐射日变化特点。日光温室内不同季节太阳辐射日变化的趋势与室外基本相同，只是一天中每一时刻的太阳辐射能均小于室外。根据12月至翌年5月在沈阳地区晴天日的测试，日光温室内1月和12月的太阳总辐射最小，而5月的太阳总辐射最大。同时，各月之间温室内太阳总辐射的差异在上午较大，下午较小。从太阳辐射的日变化看，1月日光温室内的日变化最小，5月的日变化最大，而且一天中太阳辐射最大值出现时刻各月之间不尽相同，其中12月、1月、2月和3月的一天中，太阳辐射最大值出现在13：00，而4月和5月出现在12：00。这也说明在纬度较高的地区，冬季争取更多的午后光照更重要。

（2）日光温室内太阳辐射强度的分布。日光温室内太阳辐射强度的分布存在不均匀现象，这种不均匀现象是由温室骨架、山墙和后坡等的遮光及温室前屋面透光率不均匀等多种因素造成的，而且这些因素导致的太阳辐射强度分布不均匀是随着太阳高度角的变化而变化的。一般冬季日光温室后部光照较弱，南部光照较强；而随着太阳高度角的提高，日光温室后墙光照逐渐减弱，前屋面底角处光照也逐步减弱，温室中后部光照逐渐增强。一般日光温室距离两侧山墙较近地方光照较弱，而远离山墙处光照较强。因此，日光温室长度对光照分布是有一定影响的，一般温室长度越长，遮光率越低，而温室长度越短，遮光率越高；但当温室长度超过75米后，再增加长度对室内光照分布的影响会明显减小。

（3）日光温室光照调控方法。羊肚菌是子囊菌，在菌丝体生长期黑暗或弱光均可，在子实体生长期需散射光。日光温室中的光照有两方面作用，一方面是为羊肚菌的生长发育提供必要的光信号，另一方面是在寒冷季节作为热量来源。羊肚菌生长不需要强光，故在这里着重介绍日光温室减弱光强的方法。

减弱自然光照度的主要措施是遮光。遮光的方法有许多，主要包括：覆盖遮光物法、透明覆盖前屋面涂白法、透明覆盖前屋面流水法等。

覆盖遮光物法主要是在透明覆盖前屋面外侧覆盖苇帘、竹帘、纱网、无纺布、遮阳网等各种遮光物。目前采用的遮光物以遮阳网为主。遮阳网主要采用高密度聚乙烯为原材料，经紫外线稳定剂及防氧化处理后制作而成。遮阳网具有抗拉力强、耐老化、耐腐蚀、耐辐射、轻便等特点。遮阳网的遮阳率为10%～90%，幅宽有0.9～12.0米多种。通常日光温室使用遮阳网宽度依温室跨度及使用范围而定，使用寿命为3～5年。选择遮阳网时要注意网面平整、光滑，扁丝与缝隙平行、整齐、均匀，经纬清晰，光洁度好，深沉黑亮，而不是浮表光亮；柔韧适中、有弹性，无生硬感，不粗糙，有平整的空间厚质感，无异味、臭味。此外，也可选用纱网或无纺布，纱网和无纺布均有黑白两种颜色，其中黑色纱网遮光率35%～70%，白色纱网遮光率18%～29%；黑色无纺布遮光率75%～90%，白色无纺布遮光率

20％～50％。透明覆盖前屋面涂白法是采用遮阳降温喷涂剂进行遮光的方法，采用遮阳降温喷涂剂，一般要先按不同厂家使用说明稀释成适当浓度，然后用手动或自动喷雾机均匀喷洒在日光温室透明覆盖的外表面上。这种喷涂剂不易被雨水冲刷掉，但可随时间逐渐降解，也可用刷子随时刷除。与外遮阳系统相比，采用遮阳降温喷涂剂造价低，遮光率可控，可以满足不同地区的遮阳需求，同时不易受外界不良天气的影响。透明覆盖前屋面流水法依靠水流作为遮光覆盖，同时依靠水流的蒸发起到降温的作用。流水层可吸收 8％的投射到屋面的太阳辐射，并能用水吸热，冷却屋面，室温可降低 3～4℃。采用此方法时，需考虑安装费和清除棚室表面的水垢污染的问题，水质硬的地区需对水质做软化处理再使用。

参 考 文 献

常明昌，2002. 食用菌栽培学 ［M］. 北京：中国农业出版社.

贺新生，2017. 羊肚菌生物学基础、菌种分离制作与高产栽培技术 ［M］. 北京：
科学出版社.

刘伟，张亚，何培新，2017. 羊肚菌生物学与栽培技术 ［M］. 长春：吉林科学
技术出版社.

吕作舟，2006. 食用菌栽培学 ［M］. 北京：高等教育出版社.

牛长满，2015. 平菇高产技术图解 ［M］. 北京：化学工业出版社.

田果廷，王贺祥，2010. 图说茶树菇栽培关键技术 ［M］. 北京：中国农业出
版社.

王波，甘炳成，2007. 图说滑菇高效栽培关键技术 ［M］. 北京：金盾出版社.

王泽生，王波，卢政辉，2010. 图说双孢蘑菇栽培关键技术 ［M］. 北京：中国
农业出版社.

谢宝贵，肖淑霞，唐航鹰，等，1999. 食用菌栽培新技术 ［M］. 福州：福建科
学技术出版社.

杨月明，2001. 茶树菇栽培技术 ［M］. 北京：金盾出版社.

张金霞，2004. 食用菌安全优质生产技术 ［M］. 北京：中国农业出版社.

彩图1-1 香菇栽培场

彩图1-2 装袋填料

彩图1-3 菌袋培养

彩图1-4 疏散菌筒

彩图1-5 香菇刺孔机

彩图1-6 刺孔散堆

彩图1-7 香菇菌棒转色

彩图1-8 立袋栽培香菇出菇

彩图1-9　层架袋栽香菇出菇

彩图1-10　覆土地栽香菇出菇

彩图1-11　花　菇

彩图1-12　注水法

彩图2-1　耳棚建立

彩图2-2　黑木耳菌袋

彩图2-3　黑木耳吊袋栽培出耳

彩图2-4　黑木耳出耳的菌袋

彩图2-5　菌棒排场

彩图2-6　露天地栽黑木耳出耳

彩图2-7　黑木耳单片木耳

彩图3-1　平菇原基形成期

彩图3-2　平菇子
实体

彩图3-3　平菇北方
墙式栽培

彩图3-4　墙式栽培
平菇出菇

双孢蘑菇原种

泡制后并混合好辅料的
麦粒基质

塑料袋栽培种培菌

透气袋双孢蘑菇栽培种

彩图4-1　双孢蘑菇制种

彩图4-2　堆料过程

彩图4-3　双孢蘑菇上的疣孢霉病害

彩图4-4　双孢蘑菇斑点病症状

彩图4-5　双孢蘑菇子实体上的螨虫

彩图5-1　毛木耳吊袋出耳

彩图5-2　毛木耳墙式出耳

彩图5-3　毛木耳出耳管理

彩图5-4　白背毛木耳晒耳

彩图5-5　玉木耳

彩图6-1　茶树菇

彩图6-2　制袋车间

彩图6-3　茶树菇菌袋墙式出菇

彩图6-4　接种场所

彩图6-5　茶树菇发菌

彩图6-6　茶树菇栽培中的染杂菌包

彩图6-7　采收的茶树菇

彩图7-1　滑菇出菇

彩图7-2　滑菇发菌期

彩图7-4　光处理促进滑菇转色

彩图7-3　滑菇层架式出菇

彩图8-1　感染青霉的银耳

彩图8-2　工厂化栽培的银耳房

彩图8-3　等待烘干的银耳

彩图8-4　银耳接种点污染

彩图9-1　秀珍菇出菇场景

彩图9-2　秀珍菇的菌包生理成熟（过熟）

彩图9-3a　秀珍菇菌袋套环制包方式

彩图9-3b　秀珍菇菌袋凹口制包方式

彩图9-4　秀珍菇优良性状与色泽

彩图9-5　秀珍菇菌包立式出菇

彩图9-6　秀珍菇黄菇病症状

彩图10-1　竹林下栽培竹荪

彩图10-2　竹荪播种

彩图10-3　竹荪覆土

彩图10-4　采好的竹荪

彩图11-1　大球盖菇大棚栽培　　　　彩图11-2　大球盖菇果园栽培

彩图11-3　大球盖菇培养基（木屑、玉米芯）　彩图11-4　大球盖菇钟形期采摘

彩图12-1　羊肚菌（赵琪提供）　　　彩图12-2　羊肚菌原基（赵琪提供）

彩图12-3　羊肚菌试管种　　　彩图12-4　设施种植羊肚菌（张彦飞提供）